CATALOGUE

de la

Bibliothèque de feu M. Henry Wagatha

(Livres et Gravures)

dont la **Vente aux Enchères** aura lieu

les 1er et 2 Décembre 1909

de 9 h. 1/2 à midi et de 2 1/2 à 6 h. du soir

par le ministère de **Me Dr. Huber**, Notaire à Strasbourg

assisté par **M. F. Staat**, Libraire.

Adresser les Commandes à la **Librairie J. Noiriel, F. Staat Succ.**
27, rue des Serruriers, **Strasbourg** (Alsace).

Local de la Vente:
10, Place Gutemberg
(Salle de la Société des Sciences, Agriculture et Arts de la Basse-Alsace).

Auctionslokal:
10, Gutenbergplatz
(Saal der Gesellschaft zur Förderung der Wissenschaften, des Ackerbaues u. der Künste).

KATALOG

der wertvollen Bibliothek des verstorbenen

Herrn Henry Wagatha in Paris u. Klingenthal i. E.

deren Versteigerung am 1. und 2. Dezember 1909

jeweils von

9 1/2—12 Uhr Vormittags und **von 2 1/2—6 Uhr Nachmittags**

durch den

Kais. Notar Herrn **Dr. Huber** in Strassburg stattfinden wird.

Bestellungen aus dem Kataloge sind zu richten an:
J. Noiriel's Buchhandlung, F. Staat Nachf., Strassburg i. E.
Schlossergasse 27.

Impr. alsacienne anct G. Fischbach, Strasbourg. — 4507

Conditions de la Vente. – Auctionsbedingungen.

La vente aura lieu le 1er et le 2 Décembre 1909, de 9 ½ à midi et de 2 ½ à 6 heures.

Il sera vendu environ 400 numéros par jour, dans l'ordre du catalogue. M. Staat se réserve le droit de réunir, s'il y a lieu, plusieurs numéros en un seul lot, ou de vendre séparément les pièces composant un numéro.

L'exposition des objets aura lieu le jour de leur passage à l'enchère à partir de 8 ½ heures dans le local de la vente.

Cette exposition mettant le public à même de se rendre compte de l'état des objets, il ne sera admis aucune réclamation, une fois l'adjudication prononcée.

Les adjudicataires sont tenus d'enlever immédiatement les objets dont ils se sont rendus acquéreurs.

Le prix d'adjudication est à payer comptant, avec 10 % en sus pour les frais.

Dans le cas, où au moment d'une adjudication il surgirait un différend en raison d'une mise double, l'objet sera immédiatement remis en vente.

Pour tous renseignements s'adresser à **M. F. Staat, libraire, 27, rue des Serruriers, Strasbourg.**

Die Auction findet statt am 1. und 2. Dezember 1909, von 9 ½ Uhr bis Mittag und nachmittags von 2 ½ bis 6 Uhr.

Es werden jeden Tag ca. 400 Nummern, in der Reihenfolge des Kataloges versteigert. Herr Staat behält sich jedoch das Recht vor, wenn nötig, mehrere Nummern zu einem Loose zu vereinigen, wie auch einzelne Nummern in mehrere Loose zu teilen.

Die an den einzelnen Tagen zur Versteigerung gelangenden Gegenstände sind an den betreffenden Morgen von 8 ½ Uhr ab im Auctionslokale zur Besichtigung ausgestellt.

Da durch diese Ausstellung Gelegenheit geboten ist, sich von dem Zustande der einzelnen Gegenstände zu überzeugen, so können Reklamationen nach erfolgtem Zuschlag in keinerlei Weise berücksichtigt werden.

Die Versteigerung geschieht gegen bare Zahlung und hat der Ersteher auf den Zuschlag ein Aufgeld von 10 % zu entrichten. Die gesteigerten Gegenstände sind sofort in Empfang zu nehmen.

Sollte durch erfolgtes Doppelgebot eine Meinungsverschiedenheit entstehen, so wird die betreffende Nummer sofort nochmals ausgeboten.

TABLE DES MATIÈRES

CATALOGUE

DE LA

BIBLIOTHÈQUE

LIVRES ET ESTAMPES

DE FEU

M. HENRY WAGATHA

(PARIS & KLINGENTHAL)

A. OUVRAGES ALSATIQUES.

1 **Album alsacien.** Revue de l'Alsace littér., histor. et artistique. 18 mars 1838 au 6 octobre 1839. 1re et 2e années. (79 nos avec 79 planches lith.) T. I en demi-rel. basane rouge, T. II en nos. (Ce dernier incomplet du no 19 et des planches 9, 19 et 24.)

2 **Almanachs.** — *Almanach d'Alsace*, publié par *J. J. Oberlin*, pour l'année 1789. Strasbourg, 1 vol. in-24, pl. rel. basane. Avec 1 carte d'Alsace, gravée par Weis, et 1 gravure.

3 — *Almanach de Lorraine* et Barrois. Année 1774. Nancy 1774, 1 vol. in-32, br.

4 — *Astrologue (l') alsacien*, ou Le Petit Messager qui n'est ni borgne ni boiteux; Almanach pour l'année 1826. Strasb. 1826. In-24, br. Av. gravures.

5 — **Colmar.** — *Hinkende Bott* (Neu-verbesserter vollkommener Staats-Kalender, genannt der). Auf das Jahr 1801. Colmar, Decker und Sohn, br. Mit Illustr.

6 — — *Almanach histor. nommé le Messager boîteux.* Années 1823 et 1840. Colmar, veuve Decker, 2 vol. br. Av. gravures.

7 — **Strasbourg.** — Le *Grand Messager boîteux* de Strasbourg. Années 1875, 1883, 1884, 1886, 1888, 1893 et 1894. Strasb., F. X. Le Roux, 7 vol. br. Av. gravures.

8 — — Der *Gute Bote* f. das Jahr der Gnade 1837 u. 1839. Strassb., Phil. Scheurer, 2 vol. br. Mit Illustr.

9 — — *Hinkende Bott* (Gregorianisch-Verbesserter und Catholisch-Neuer Kalender genannt der). Auf das Jahr 1806. Strasb., Ludwig Eck, br. Mit Illustr.

10 — — *Rheinische Hinkende Bot* (Neuer verbesserter Kalender genannt der). Auf das Jahr 1816, 1818 u. 1822. Strassb., Ludwig Eck, br. Mit Illustr.

11 — — *Hinkende Bot am Rhein* (Verbesserter u. alter Kalender genannt der). Auf das Jahr 1811, 1812, 1814, 1819, 1820, 1821, 1824, 1825, 1826, 1828, 1829, 1830, 1831, 1838, 1843 u. 1885. Strassb., G. Silbermann, 16 vol. br. Mit Illustr.

12 — — *Strassburger Hinkende Bote (Der Grosse).* Ein Kalender f. Katholiken u. Protestanten. Auf das Jahr 1810, 1815, 1832, 1845, 1887, 1888 u. 1890. Strassb., Le Roux, 7 vol. br. Mit Illustr.

13 **Almanachs. — Strasbourg.** — *Strasburger Kalender.* Neuer Kalender auf das Jahr 1817. Strassb., J. H. Heitz, br. Mit 2 Illustr.

14 — — *Welpern,* Neugestellter Stadt- u. Land-Kalender auf das Jahr 1787. Strassb., Lorenz u. Schuler, cart. Mit ganzseitigem Bilde.

15 — — *Welperische Strassburger Hinkende Bote* (Der) auf das Jahr 1837. Strassb., G. L. Schuler, br. Mit Illustr

16 **Alsace-Lorraine (L') après 1870.** — *Alsacien (Un) aux Français ses anciens compatriotes.* Dures vérités et bienveillants conseils. Paris 1871, in-8°, 19 p., br.

17 — *Heimweh, J.* La Question d'Alsace Paris 1889, in-18, VI—253 p., br.

18 — *Neutralité (La)* de l'Alsace-Lorraine. Compte rendu de l'Assemblée générale des membres de la ligue internationale de la paix et de la liberté tenue à Genève le 7 Septembre 1884. Bâle 1884, in-8°, 64 p., br.

19 — *Rappolstein, Alfred de.* L'Alsace-Lorraine 1870—1884. Bâle 1884, in-8°, 44 p., br.

20 — *Société de protection* des Alsaciens et des Lorrains demeurés Français. De l'option pour la Nationalité française. Paris 1872, in-4°, 14 p., br.

21 **Alspach.** — *Ingold, A. M. P.* Lettres inédites de deux abbesses d'Alspach. Sainte-Marie a/M. 1894, in-18, 41 p., br. Av. 1 planche. (Tiré à 300 expl.)

22 **Andlau.** — *Deharbe, F. J. Ch.* Sainte Richarde, son abbaye d'Andlau, son église et sa crypte. Paris 1874, gr. in-8°, 176 p., demi-rel. parch. Av. planches lith.

23 **Annuaires. — Bas-Rhin.** — 1° Annuaire du dép. du Bas-Rhin, pour l'an VII de la Rép. franç. Par le Cit. Bottin. Strasbourg, an VII, in-32, XXIV—195 p., br.; 2° Annuaire polit. et économique du dép. du Bas-Rhin, par le Cit. Bottin. Ans VIII et IX. Strasb., 2 vol. in-32, br.

24 — — Annuaire histor. et statist. du départ. du Bas-Rhin, fondé par P. J. Fargès-Méricourt en 1805. Années XIII, XIV, 1807 à 1814/16, 1829 à 1834, 1836, 1837, 1839, 1843, 1850, 1852 à 1861, 1862/3, 1864, 1866 et 1867. Strasb. 1805—1867. 42 vol. in-16, br. et reliés.

25 **Apffel, J.-G.-L.** — *Testament* de Jean-Guillaume-Louis Apffel, anc. magistrat à Wissembourg, fait en faveur de la ville de Strasbourg. Strasb. 1844, in-4°, 7 p., br. — Observations sur la Dotation Apffel. Strasb. 1847, in-4°, 7 p., br.

26 **Aufschlager, Jean-Frédéric.** L'Alsace. Nouvelle description historique et topographique des deux départemens du Rhin. Strasb. 1826—28. 2 vol., plus 1 vol. de Supplt. In-8°, demi-rel. veau. Av. 9 planches, 1 carte et 1 plan. (La carte du Haut-Rhin manque.)

27 — Das Elsass. Neue historisch-topograph. Beschreib. Ohne Suppltbd. Strassburg 1825. 2 vol. in-8°, demi-rel. veau. Mit 9 Abbild., 2 Landkarten u. 1 Plan. (Sans le Supplt.)

28 **Ban-de-la-Roche.** — *Oberlin, Henri-Gottfried.* Propositions géologiques pour servir d'introduction à un ouvrage sur les élémens de la chorographie, avec l'exposé de leur plan, et leur application à la description géognostique, économique et médicale du Ban de la Roche. Strasbourg 1806, in-8°, XIV—261 p., demi-rel. parch. Av. 5 planches et cartes.

29 **Baquol, J.** L'Alsace ancienne et moderne. Supplément à la 1re édition du Dictionnaire: Atlas de 12 pl., plus 6 pl. de monnaies et 4 pl. d'armoiries. Strasbourg 1853, in-4° oblong, br.

30 **Baquol et P. Ristelhuber.** L'Alsace ancienne et moderne, ou Dictionnaire topogr., hist. et statistique du Haut- et du Bas-Rhin. 3e édition ent. refondue. Strasbourg 1865, in-8°, 642 p., demi-rel. chagr. Av. 14 pl. et 5 cartes.

31 — Cartes géographiques de l'Alsace ancienne et moderne. (Préface et 3 cartes du n° précédent.) S. l. ni d., in-8°, cart. orig.

32 **(Barthélemy, A. de).** Armorial de la généralité d'Alsace. Recueil officiel dressé par les ordres de Louis XIV et publié pour la première fois. Paris 1861, in-8°, XI—449 p., demi-rel. basane. (Epuisé et rare).

33 — La Numismatique en 1857. (Extr. de la *Revue d'Alsace.*) Colmar (1857), in-8°, 19 p., br.

34 **Bartholdy, Charles.** Notice sur le moyen d'appliquer le Platine sur la Porcelaine. — **Brassier.** Notes sur la Vaccine. Colmar (an VIII), in-8°, 15 p., br.

35 **Benoit, Arth.** Recueil de quelques inscriptions lapidaires des bords de la Sarre. (Anciens départements de la Meurthe, du Bas-Rhin, de la Moselle et de la Sarre.), (Extrait de la *Revue d'Alsace*). Mulhouse 1873, in-8°, 23 p., br.

36 **Benoit, Louis.** Pierres bornales armoriées (Meurthe, Bas-Rhin, Vosges). Nancy 1870, in-8°, br. Avec 15 planches lith. (Extrait).

37 **Bibliographe alsacien (Le).** Gazette littéraire, historique, artistique. (Publié par *Ch. Mehl*) 1862 à 1869. (Collection complète.) Strasbourg, 4 vol. in-8°, dont 3 en demi-rel. percal. et le 4e en livraisons.

38 **Bulletin de la Société pour la Conservation** des Monuments historiques d'Alsace :
I. Série. T. 1 à 4 Strasbourg 1857 à 1861. 4 vol. in-8°, cart.
II. Série. T. 1 à 18¹. Strasbourg 1863 à 1896. En vol. cart. et br.

39 — Volumes isolés : I. Série, T. 1 et 2, rel.
II. Série, T. IX² et X¹.

40 **Charles X.** — *Fargès-Méricourt, P. J.* Relation du voyage de S. M. Charles X en Alsace. Strasbourg 1829, in-4°, 184 p., demi-rel. parch. Av. 12 pl. lith. et 1 carte. (Taches de rousseur).

41 **(Chauffour l'aîné, J.-B.)** Histoire des dix Villes jadis libres et impériales de la Préfecture de Haguenau. Traduction abrégée de Schœpflin. Colmar 1825. 1 vol. in-12, demi-rel. parch.

42 **Chazel, Prosper.** Histoire d'un Forestier. Paris 1882, gr. in-8°, 335 p., br. Av. gravures hors texte d'après les dessins de *F. Lix*.

43 **Colmar.** — *Dietrich, J.* Rapport sur des antiquités trouvées aux environs de Colmar. (Extrait du *Bull. de la Soc. des Mon. hist.*) Strasbourg 1868, gr. in-8°, 11 p., br. Av. 1 planche.

44 — *Foltz, Charles.* Souvenirs historiques du Vieux Colmar, suivis d'une courte notice biographique des hommes distingués de cette ville. Colmar 1887. 1 vol. gr. in-8°, demi-rel. chagr. Avec nombreuses planches hors texte. (Epuisé).

45 — *Gerard, Ch.* et *Liblin, J.* Les Annales et la Chronique des Dominicains de Colmar. Edition compl. d'après le manuscrit de la Bibliothèque Royale de Stuttgart, avec traduction en regard, notes et éclaircissements, etc. Colmar 1854. 1 vol. gr. in-8°, demi-rel. chagr.

46 — *Goutzwiller, Ch.* Le Musée de Colmar. Martin Schongauer et son école. 2e éd. ornée de 26 grav. Colmar 1875, gr. in-8°, 158 p., demi-rel chagr.

47 — *Ingold, A. M. P.* Notice sur l'église et le couvent des Dominicains de Colmar. Colmar 1894, in-12, VI—104 p., br. Av. 1 pl. photolith. (Tiré à 200 exempl.)

48 — *Sée, Julien.* Guerre de 1870. Journal d'un Habitant de Colmar. (Juillet à Novembre 1870). Paris 1884. 1 vol. in-8°, demi-rel. chagr. Orné de 3 croquis de M. *Aug. Bartholdi.*

49 — Sorcellerie (La) à Colmar et les environs. Instruction des procès. Colmar 1869, in-8°, 11 p., sur papier vergé, br. (Très rare).

50 **Conseil souverain d'Alsace.** — *Arrest* du Conseil souverain d'Alsace, qui deffend les Jeux d'hazard. Du 6 May 1765. Colmar, pet. in-4°, 8 p., br.

51 **Conseil souverain d'Alsace.** — *Recueil des édits*, déclarations, lettres patentes, arrêts du Conseil d'Etat et du Conseil Souverain d'Alsace, ordonnances et règlemens concernant cette province. Av. des observations par M. *de Boug*. 1657—1770. Colmar 1775. 2 vol. in-fol., pl. rel. bas. anc., dos ornés, tr. rouges. (2 exemplaires).

52 **Curiosités d'Alsace,** publ. par *Ch. Bartholdi*. 1re et 2e années. Colmar 1861—1863. 2 vol. gr. in-8°, demi-rel. parch., non rognés. Av. planches. (Tout ce qui a paru).

53 — Même ouvrage. 2 vol. gr. in-8°, demi-rel. chagr. rouge.

54 **Danckrotzheim, Conrad.** — *Hanauer, A.* Conrad Danckrotzheim et le Heilig Namenbuch. (Extr. de la *Rev. cathol. d'Alsace*.) Rixheim 1896, in-8°, 23 p., br.

55 **Description du Département du Bas-Rhin**, publiée avec le Concours du Conseil général, sous les auspices de M. *Mignerel*, préfet. T. I, II et III. Strasbourg 1858 - 1871. 3 vol. in-8°, demi-rel. chagr. (Du T. IV qui manque, il n'a plus été publié que la première livraison).

56 **Dialectes alsaciens.** — (*Arnold, J. D. G.*) Der Pfingstmontag. Lustspiel in Strassburger Mundart in fünf Aufzügen und in Versen. Dritte nach den Noten des Dichters verbesserte Ausgabe, ausgestattet mit der Biographie des Dichters von Hrn. Dekan *Rauter*, einer Beurteilung von *Göthe* über dieses Lustspiel und einem Wörterbuche..... nebst dem Portraite Arnold's, illustrirt mit 40 Original-Zeichnungen v. *Theophil Schuler*. Strassb. 1867, gr. in-4°, VIII—88 p., cart. orig. Av. les planches en bistre. (Bel exemplaire).

57 — *Berdellé, Ch.* Elsässischi Lieder un Gedichter in Stadt- un Land sprooch, vum e Hauenauer. (Hagenau 1865), in-12, 143 p., front. et titre lith. et 4 p. de musique, demi-rel. chagr. (Très rare).

58 — *Bilder* (*Strosburjer*), her. von *A. Schneider*. Nos 1 à 60 et variantes des nos 3, 4 et 5. In-fol., cart. demi-toile orig. (Bel état de conservation).

59 — *Die Büll ineffabilis* vom Bapst Pius IX. uf Stroszburjer Dytsch. (Reproduction photogr. d'une miniature de Mr le chanoine Keller, anc. aumônier de la Toussaint). Zweiti, verbesserti Uflâu. Stroszburj 1886, demi-rel. parch.

60 — *Greber, Julius.* Zwei Lustspiele in Strassburger Mundart: E Hochzitter im Kleiderkaschte. Schwank in einem Aufzug, und Drej Freijer, Lustspiel in einem Aufzug. Strassb. 1895, in-8°, 119 p., br.

61 — *Hans im Schnockeloch* (*Der*). Herausgegeben von *K. Bernhard* und *L. Führer*. Illustriert von *F. Mathis*. Strasb. 1860—1862. Frontispice et nos 0, 1 à 30 & 1000. En nos in-fol. (Incomplet des p. 93/94).

62 — *Horsch, D. G. Ad.* 4 Strossburger Komedie (1. Serie): Der Hüsherr. D'r Unkel. E Mann fur mini Nièce. Neui Hosse. Strassb. 1895, in-16, 64 p., br.

63 — *Mohr, Louis.* Littérature du dialecte alsacien. — Bibliographie der in Elsässischer Mundart erschienenen Schriften. Strassb. 1877, in-8°, 22 p., br. (Tiré à 100 exempl. — Epuisé).

64 — *Pick, A.* Anno 1873. — S'ys're Mann's Büchel. Strosburry 1873, in-18, 60 p., br. Av. nombr. fig.

65 — *Schatzkästel* (*Elsässer*). Sammlung von Gedichten und prosaischen Aufsätzen in Strassburger Mundart, nebst einigen Versstücken in andern Idiomen des Elsasses. Mit einem „Schlüssele zuem Schatzkästel" von *Ad. Stoeber*. Strassburg 1877. in-8°, XX—512 p., demi-rel. parch. Av. titre-frontisp. de *C. E. Matthis*.

66 — *Schweitzer, E.* Der Hans im Schnockeloch, 1862. Photolith. Ed. Stribeck, Strasbourg. 9 planches in-4°, en feuilles.

67 **Dialectes alsaciens.** — *Stoeber, Ehrenfried.* Daniel oder der Strassburger. Lustspiel mit Gesängen in 2 Aufzügen, zum Theil in elsäss. Mundart. 2. Aufl. Strassb. 1825, in-8°, VII—59 p., cart. orig. Av. 1 lithogr.

68 **Dietrich, Frédéric de** — *Acte d'Accusation* contre Frédéric Diétrich, ci-devant maire de Strasbourg, avec les observations de son défenseur. 20 Novbr. 1792. In-4°, 22 p. — *Interrogatoire* de Frédéric Diétrich, devant le Tribunal criminel du département du Doubs. 23 Décbr. 1792. In-4°, 7 p. — Les deux plaquettes réunies en 1 vol., demi-rel. basane rouge. (Très rares).

69 **Eisenschmid, Joann. Casp.** De Ponderibus et Mensuris veterum romanorum, graecorum, hebraeorum; nec non de valore pecuniae veteris, disquisitio. Editio altera. Argentorati, 1737. In-18, cart. Av. 2 planches.

70 **Engel, Arthur, et Ernest Lehr.** Numismatique de l'Alsace. Paris 1887, gr. in-4°, XXVIII—272 p. et 46 planches. Demi-rel. parch., non rogné.

71 **Engelhard, Maurice.** La Chasse dans la vallée du Rhin (Alsace et Bade). Strasb. 1864, in-12, VII—105 p., papier de Hollande, br. (Taches de rousseur)

72 — La Chasse et la Pêche. Souvenirs d'Alsace. Av. 132 dessins par *H. Ganier.* Nancy 1888, gr. in-8°, VI—316 p., demi-rel. chagr.

73 **Ensisheim.** — *Ring, Max. de.* Les Tombes celtiques de la Forêt communale d'Ensisheim et du Hübelwældele. 2e édit. Strasb. 1859, in-fol., 18 p., br. Av. 14 pl. lith., pour la plupart col., et 1 vue photogr. des recherches. (Tirage restreint. — N° 68).

74 **Erckmann-Chatrian.** Alsace! Drame en 5 actes et 8 tableaux. Paris, s. d., in-18, VI—256 p., br.

75 — Les Deux Frères. Paris 1873, in-18, V—308 p., br. (2 exempl.)

76 — Histoire d'un sous-maître. 5e édition. Paris 1871. 1 vol. in-18, III—284 p., br.

77 **Fischer, L.** (abbé). Fragment des Souvenirs d'un Alsacien, soldat dans l'armée de Condé (1772—1795). Rixheim 1893, in-8°, 24 p., br. (Extr. de la *Revue cathol. d'Alsace*).

78 — Mémoires d'un Garde-Chasse du Prince-Cardinal Louis de Rohan. (Extr. de la même Revue). Rixheim 1892, in-8°, 34 p., br.

79 **Frédéric II.** — *Vie de Frédéric II,* Roi de Prusse. Accompagnée de Remarques, Pièces justificatives et d'un grand nombre d'anecdotes..... Strasb. 1788, 4 vol. in-8°, pleine rel. veau anc.

80 **Geiler, Jean, dit de Kaysersberg.** — *Dacheux, L.* Un réformateur catholique à la fin du XVe siècle. Jean Geiler de Kaysersberg. 1478—1510. Strasb. 1876, in-8°, IV—583—XCVI p., demi-rel. chagr. vert. Avec portrait et facs.

81 **Gérard, Charles.** Les Artistes de l'Alsace pendant le Moyen-Age. Paris 1872/73 2 vol. in-8°, demi-rel. parch.

82 **Girbaden.** — *Héring, Ed.* Schloss Girbaden. Zwei Vorträge gehalten am 20. Nov. 1880 u. am 10. Jan. 1881 für den Vogesenclub zu Barr. (Extr. des „Mittheilungen des Vogesenclubs"). Strassburg 1881, in-8°, 22 p., br. Av. 1 vue du château.

83 **Golbéry, de, et J. G. Schweighaeuser.** Antiquités de l'Alsace, ou Châteaux, Eglises et autres Monumens des départemens du Haut- et du Bas-Rhin. Mulhouse 1828. 2 sections en 1 vol. in-fol., demi-rel. perc. Av. 80 pl. lith. (Ouvrage très recherché. — Légèrement taché de rousseur). — A la suite : Monumens romains. Av. 8 pl. lith.

84 **Grad, Charles.** L'Alsace, sa situation et ses ressources au moment de l'annexion. Paris 1872, in-8°, 69 p., br.

85 **Grandidier, Ph. Andr.** Anecdotes relatives à une ancienne confrairie de buveurs, établie sur les confins de la Lorraine et de l'Alsace; extraites..... d'un manuscrit composé par M. l'abbé Grandidier. Nancy 1850, gr. in-8°, 22 p., cart. (Tiré à peu d'exempl. sur papier de Hollande). Av. eau-forte de *E. Thiéry.*

86 — Histoire ecclésiastique, militaire, civile et littéraire de la province d'Alsace. T. I. Strasb. 1787. 1 vol. in-4°, cart. (Rare).

87 — Oeuvres historiques inédites (publiées par *J. Liblin*). Colmar 1865–68. 6 vol in-8°, demi-rel. chagr. Av. portr. en photographie.

88 **Guebwiller.** — (*Mossmann, X.*) Chronique des Dominicains de Guebwiller, publiée avec des pièces justificatives. Guebwiller 1844, in-8°, XV—LIX—493 p., demi-rel. veau.

89 **Guerre de 1870-1871.** — *Hérisson, le Comte.* Les Responsabilités de l'Année terrible. 9e édit. Paris 1891, in-16, XII—384 p., br.

90 **Hagenbach, Pierre de.** — *Nerlinger, Ch.* Pierre de Hagenbach et la domination bourguignonne en Alsace (1469—1474). Nancy 1890, gr. in-8°, XI—172 p., demi-rel. parch. (Extrait des *Annales de l'Est*).

91 **Haguenau.** — *Guerber, l'abbé V.* Histoire politique et religieuse de Haguenau. Rixheim 1876. 2 vol. in-8°, demi-rel. parch. Av. quelques planches sur cuivre.

92 — *Hagenauische Geschicht.* Wunderseltzame neue Malerei, erfunden durch 3 Franciskaner-Mönchen zu Hagenau, im Monat September 1653. (Réimpression moderne en 200 exempl.) Strasbourg 1853, in-4°, demi-rel. parch. (n° 48).

93 **Hallez-Claparède.** Réunion de l'Alsace à la France. Paris 1844, in-8°, XLIII—348 p., demi-rel. chagr.

94 **Hanauer, A.** Les Constitutions des campagnes de l'Alsace au moyen-âge. Paris et Strasbourg 1864, in-8°, 389 p., demi-rel. chagr.

95 — Les Paysans de l'Alsace au moyen-âge. Etude sur les cours colongères de l'Alsace. Paris et Strasbourg 1865, in-8°, XV—351 p., demi-rel. chagr. (Rare).

96 — Études économiques sur l'Alsace ancienne et moderne. T. I. Les Monnaies. Strasb. 1876. 1 vol. in-8°, demi-rel. parch.

97 — Coutumes matrimoniales au moyen-âge. (Extrait des *Mémoires de l'Académie de Stanislas*). Nancy 1893, in-8°, 64 p., demi-rel. chagr. (Epuisé).

98 — Guide monétaire pour l'histoire d'Alsace. (Extrait de la *Rev. cath. d'Alsace*). Rixheim 1894, in-8°, 16 p., br. (Epuisé).

99 **Hartmann, C. F.** Chansonnier alsacien dédié aux amateurs du Chant français et allemand. Lieder und Gedichte... (2. Teil). Strasb. 1824. 1 vol. in-18, br. (Poésies dans les deux langues).

100 **Hausmann, S.** Monuments d'Art de l'Alsace. — Elsässische Kunstdenkmäler. Publ. en collaboration av. *Fr. Leitschuh* et *Ad. Seyboth.* Strasb. (1900) :
Alsace. Livr. 1 à 16 : planches 1 à 80. (L'ouvr. cplt. renf. 120 pl.)
Lorraine. Livr. 1 à 4 : planches 1 à 20 (» » » 60 pl.)

101 **Haut-Kœnigsbourg.** — *Erb, Georges.* Les châteaux de Hoh-Kœnigsbourg. Strasbourg 1889, in-18, 96 p., br. Av. 1 plan et 4 vues des châteaux.

102 — *Winkler, C.* Die Hoh-Königsburg bei Schlettstadt vom technisch-archeologischen Standpunkte aus betrachtet. Vortrag gehalten im Vogesenklub, Sektion Colmar. Colmar 1889, gr. in-8°, 8 p., pap. de Hollande, à gr. marges, br. Av. 1 plan et 1 vue photolith.

103 **Heitz, F.-C.** Catalogue des principaux ouvrages et des cartes imprimés sur le département du Bas-Rhin. Strasb 1858, in-8°, 102 p., br.

104 — Même ouvrage, en demi-rel. chagr. rouge. Interfolié de papier blanc.

105 **Heitz, Paul.** Originalabdruck von Formschneider-Arbeiten des XVI. und XVII Jahrhunderts..... aus den Strassburger Druckereien. Mit erläuterndem Text herausgegeben. 2 Aufl. Strassburg 1892, in-fol., 11 p. et 83 planches, br.

106 **Herrade de Landsberg.** — *Engelhardt, C. M.* Herrad von Landsperg, Aebtissin zu Hohenburg, oder St. Odilien, im Elsass, im XII. Jahrhundert; und ihr Werk: Hortus deliciarum. Stuttgart 1818, in-8°, XV—200 p., demi-rel veau. Av. 12 pl. en noir, in-fol, pliées in-8°.

107 — — Même ouvrage, le texte en 1 vol. in-8°, demi-rel. parch., les **planches coloriées** en 1 vol. in-fol., demi-rel. percaline. (Très rare).

108 **Hirtz, Daniel.** Gedichte. Mit einem Vorwort von *Ed. Reuss.* Strassb. 1838, gr. in-8°, XXV—169 p., br. Av. portr.

109 **Hohwald.** — **Vues.** — *Um den Strassburger Wald.* Sechs Bilder mit lyrischer Begleitung von *F. Baumann* und *A. Grün.* Strasb., Lith. E. Simon, in-fol. obl., cart.

110 **Horbourg.** — *Coste, A.* Argentouaria, station gallo-romaine de l'Alsace. (Extr. de la *Revue d'Alsace*). Colmar, s. d., in-8°, 9 p., demi-rel. basane.

111 **Horrer.** Dictionnaire géographique, historique et politique de l'Alsace. T. Ier (seul paru). Strasbourg 1787, in-4°, XVI—383 p., demi-rel. parch. (Bel exempl.)

112 **Ingold, A. M. P.** Les Chartreux en Alsace. — Prieurs de Strasbourg et de Molsheim. Colmar 1894, in-8°, 20 p., br. Av. 1 planche.

113 **Joanne, Ad.** Les Bords du Rhin illustrés. Av. 292 vignettes, 11 cartes et 10 plans, dont une grande partie pour l'Alsace. Paris 1863, in-12, XL—729 p., toile orig.

114 — Trains de plaisir aux Bords du Rhin. Contenant 11 cartes et 9 plans. Paris 1863, in-12, XXIV—435 p., toile orig.

115 **Judaïsme.** — *Bloch, Isaac.* Une Expulsion de Juifs en Alsace au 16e siècle. Paris 1896, gr. in-8°, 61 p., br.

116 **Jundt, Gustave.** — *Véron, Pierre.* Discours à l'Inauguration du Monument de Gustave Jundt. S. l. 1886, in-4°, 3 p. et 1 planche, br.

117 **Junker.** Recueil historique, ou Choix de pièces morales, instructives et amusantes en franç. et en allemand. Strasbourg 1772, in-16, XIII—409 p., cart.

118 **Kaysersberg.** — *Richard, R. A.* La Kaysersburg d'Alsace· Récit du 13e siècle. Strasbourg 1865, in-12, IV—399 p., demi-rel. chagr.

119 **Kentzinger, A. de.** Documens historiques relatifs à l'histoire de France, tirés des archives de la ville de Strasbourg. Strasbourg 1818—19. 2 vol. in-8°, demi-rel. parch., dos ornés.

120 **Kinglin, Romain de.** — *Mémoire pour Dame Anne-Christine Gomes,* contre Messire Romain de Kinglin, son Mari, Président au Conseil Souverain d'Alsace. S. l. ni d., in-18, p. 237—255 (tirées de l'ouvrage intitulé « Mariage mal assorti »), demi-rel. basane rouge.

121 **Kirschleger, Fréd.** Flore d'Alsace et des contrées limitrophes. T. II seul. Strasb. 1857. 1 vol. in-18, demi-rel. basane.

122 **Kléber, Jean-Baptiste.** — *Notice historique* sur la vie du Général Kléber. Strasb. 1818, in-12, 18 p., br. (Rogné).

123 **Klinglin, Franç.-Christ.-Honoré de.** — *Klinglin (fils).* Mémoire de Monsieur de Klinglin, Préteur royal de la ville de Strasbourg. Grenoble 1753, in-18, 336 p., demi-rel. parch, tr. rouges.

Klinglin, Joseph. — Voir N° 220.

124 **Kochersberg.** — *Stœber, Aug.* Der Kochersberg, ein landschaftliches Bild aus dem Unter-Elsass. Mülhausen 1857, in-18, 66 p., demi-rel. basane rouge.

125 **Kraus, Franz-Xaver.** Kunst u. Altertum in Elsass-Lothringen. Beschreibende Statistik im Auftrage d. Kais. Ober-Präsidiums von Elsass-Lothr. herausgegeben. 4 vol. (I: Unter-Elsass. II: Ober-Elsass. III: Lothringen. IV: Nachträge u. Register). In-8°, demi-rel. chagrin. Avec grand nombre de gravures dans le texte et hors texte. (Ouvrage épuisé et très rare).

126 **Kroener, C. A.** Aperçu des oiseaux de l'Alsace et des Vosges. Strasb. 1865, in-8°, IV—43 p., demi-rel. chagr.

127 **Laguille (R. P. Louis).** Histoire de la province d'Alsace depuis Jules César jusqu'au mariage de Louis XV. Avec des figures en taille-douce, des plans, des cartes géographiques et un recueil de pièces, qui peuvent servir de preuves aux faits importants. 3 parties en 2 vol. Strasbourg 1727, in-fol., demi-rel. basane. Av. frontispice. et planches gravées. (Reliure fatiguée).

128 — Même ouvrage, en 1 vol., pleine rel. veau anc. Av. frontisp. et planches. (Bon exempl.)

129 **Landsberg, Charlotte de.** — *Reuss, Rodolphe.* Charlotte de Landsberg et le Sacrilège de Dorlisheim (1722—1723). D'après des documents inédits. Strasb. 1888, in-16, 52 p., br.

130 **Lauber, Diebolt.** — *Hanauer, A. (abbé).* Diebolt Lauber et les calligraphes de Haguenau au 15e siècle. Strasb. 1895, in-8°, 45 pages, br. (Extrait de la *Revue catholique d'Alsace*).

131 **Légendes d'Alsace.** — (*Berdellé, Ch.*) Légendes et Traditions alsaciennes, traduites de l'allemand d'*Aug. Stœber, Frédéric Otte*, etc., par *Carl Allmann*. Haguenau 1869, in-18, 24 p., br.

132 — *Grad, Ch.* Le Foyer alsacien. Légendes et Traditions populaires : Ghougas. Colmar, s. d., in-8°, 10 p., br. (Extr. de la *Revue d'Alsace*).

133 — *Laurent, J.-J.* Les Légendes de l'Alsace. Paris 1865, in-8°, IV—119 pag., br.

134 — *Stœber, August.* Die Sagen des Elsasses. Neue Ausg. besorgt von *Curt Mündel*. 2 vol. Strassb. 1892—1896, in-8°. T. I en demi-rel. chagr. rouge, T. II broché.

135 — *Tuefferd, E., et H. Ganier.* Récits et légendes d'Alsace. Nancy 1884, in-fol., VII—68 p., rel. toile bleue orig. Av. 12 compositions hors texte et 44 fig. dans le texte. (Piqûres).

— Voir aussi N° 188.

136 **Lezay-Marnésia, Adrien, Comte de.** — *Destravault.* Élégie sur la mort de Mr Lezay de Marnésia, préfet etc., décédé le 9 octobre 1814. Strasb., s. d., in-8°, 9 p., br.

137 **Libermann, François-Marie-Paul.** — *Pitra, Jean-Bapt.* Vie du Révérend Père Fr.-M.-P. Libermann. 2e édit. Paris 1872, in-8°, XII—676 pages, demi-rel. chagr. rouge.

138 **Lorraine.** — *Benoit, Louis.* Numismatique de la Lorraine allemande. Nancy 1865, in-8°, 26 p., br. Av. 2 planches lith.

139 — *Coutumes générales* anciennes et nouvelles du Duché de Lorraine, pour les bailliages de Nancy, Vosges et Allemagne. Nancy 1710, in-32, VIII—194—156 p., demi-rel. bas. anc.

140 **Lutzelbourg.** — *Liblin, J.* Les sept martyrs de Lutzelbourg et les précurseurs de Schinderhannes (1768—1786). Colmar 1869, in-8°, 30 p., br. Papier de Hollande.

141 **Meininger, Ernest.** Une Chronique suisse inédite du XVIe siècle (Circkell der Eidtgnoschaft von Andreas Ryff). Av. 3 pl. en phototypie, une double pl. de fac-simile et 346 armoiries sur 18 planches. Bâle 1892, gr. in-8°, 85 p., br.

142 **Ménard, René.** L'Art en Alsace-Lorraine. Paris 1876. 1 vol. in-4°, demi-rel. chagrin, plats toile avec fers spéciaux, tranches dorées. Avec nombreuses gravures dans le texte et hors texte.

143 **Monnoies (Les)** des différens peuples, ainsi que les valeurs dont ils se servent dans leurs comptes, calculées en francs et en florins etc., par G. A. E. Strasbourg 1818, in-8°, XIX—56 p., br. (2 exempl.)

144 **Mourin, Ernest.** Récits lorrains. Histoire des Ducs de Lorraine et de Bar. Nancy 1895, in-16, X—395 p., br.

145 **Mündel Curt.** Die Vogesen. Ein Handbuch für Touristen. Auf Grundlage von Schrickers Vogesenführer neu bearbeitet. 2. Aufl. Strassburg 1881, in-16, cart. toile orig. Avec 12 cartes, 1 plan, 2 panoramas et quelques gravures dans le texte.

146 **Münster.** — (*Dietrich*), *J.* La Sorcière de Münster. Sa torture à Wihr-au-Val et son exécution à Gunsbach, 1631. Colmar 1869, in-8°, 13 p., br.

147 **Murbach.** — *Ferrette, Bernard de.* Diarium de Murbach (1671—1746), publ. p. *Angel & Aug. Ingold.* Colmar 1894, in-8°, 107 p., br.

148 **Naeher, J.** Die Burgen in Elsass-Lothringen. Heft 1 u. 2. Strassburg 1886. 2 Hefte en 1 vol. in-4°, III—32 et II—13 p, demi-rel. parch. Av. 15 pl. autogr. (Epuisé).

149 **Neyremand, Ernest de.** Petite Gazette des tribunaux d'Alsace. Années 1859 à 1861. (Tout ce qui a paru). Colmar 1863, en 1 vol. in-4°, demi-rel. chagr.

150 **Nicklés, Napoléon.** Des prairies naturelles en Alsace et des moyens de les améliorer. Strasbourg 1839, in-8°, 86 p., br. Av 2 tableaux statist.

151 **Niederbronn.** — *R(einer).* Niederbronn en 1770, ou un Monument dans les Vosges, suivi de l'Invalide alsacien, anecdote napolitaine. Strasb. 1838, in-8°, VI—56 p., br. Av. vue lith.

152 **Nomeseii, Nicolai,** Charmensis Lotharingi, Parnassus poeticus. Coloniæ Agrippinæ, anno 1602. 2 parties en un gros vol. in-18. Pleine rel. parch. de l'époque, avec 2 fermoirs (Exempl. ayant appartenu au « Collegii societatis Jesu Molshemii 1603 »).

153 **Oberlin, J.-Fr.** Lettre autographe allemande du 5 juillet 1808, à Mlle Rohmer (?), avec remerciements pour commissions faites pour lui à Strasbourg. Pet. in-4°, 1 page. (Belle écriture).

154 **Oberlin, Jean-Frédéric.** — *Stœber, D. E., l'aîné.* Vie de J.-F. Oberlin, pasteur à Waldbach, au Ban-de-la-Roche. Strasbourg 1831, in-8°, VIII—VI-616 p., cart. Orné de 7 lithographies et d'une carte.

155 **Oberlin, Jer.-Jacob.** Orbis antiqui monumentis suis illustrati primæ lineæ. Argentorati 1790, in-16, VIII—280 p., plus les index, cart.

156 **Oberlin, Jérémie-Jacques.** — *Seyler-Gerval, B.-C.* Discours prononcé sur la tombe de feu M. Oberlin, Professeur de l'Académie et Directeur du Gymnase, au nom de ses camarades, le 13 Octobre 1806 Strasb. (1806), in-18, 3 p., br.

157 **Obernai.** — *Gyss, l'abbé J.* Histoire de la ville d'Obernai. Strasb. 1866. 2 vol. in-8°, demi-rel. chagr.

158 — — Inventaire-sommaire des Archives communales de la ville d'Obernai antérieures à 1790. Strasbourg 1868, in-4°, demi-rel. chagr.

159 — — Urkundliche Geschichte der Stadt Oberehnheim und der Beziehungen derselbigen zu den übrigen ehemaligen Reichsstädten des Elsasses. Strassb. 1895, in-12, XI—572 p., pleine rel. toile orig. Av. 28 pl. photolith.

160 **Observateur (l') Alsacien.** (Seconde brochure). Editeur: M. *Jolly.* Strasb. s. d., in-8°, p. 33 à 68, br.

161 **Ordonnances.** — *Statuts et Privilèges* de la Noblesse franche et immédiate de la Basse Alsace . . . Frey ohnmittelbaren Ritterschaft im Untern Elsass Adeliche Ritter-Ordnung. Strassb. 1713, pet. in-fol., 176 p., cart.

162 **Palatinat.** — *Cooper, J. Fénimore.* L'Heidenmauer, ou le camp des païens. Légende des bords du Rhin. Traduit de l'anglais. Paris 1832. 4 tomes in-16, cart. en 2 vol.

163 **Petit-Gérard, Baptiste.** Quelques Études sur l'Art verrier et les vitraux d'Alsace. Strasbourg 1861, in-8°, 31 p., br. Av. 2 planches. (Epuisé et très rare).

164 **Pfeffel, Théophile-Conrad** (ou Conrad Gottlieb). Fables et Poésies choisies, traduites en vers français et précédées d'une notice biographique par *Paul Lehr*. Paris 1850, in-12, 322 p., br. 2e édition.

165 — Pfeffels Geistes-Blüthen-Poesien. Strassb., s. d., in-18, VIII—122 p., br.

166 **Réformation.** — *Röhrich, Timotheus Wilhelm.* Geschichte der Reformation im Elsass, und besonders in Strassburg, nach gleichzeitigen Quellen bearbeitet. 3 Tle. in 2 Bde. geb. Strassb. 1830—1832. 2 vol. in-12, demi-rel. veau. Av. 4 portraits.

167 **Reiber, Émile.** Les Propos de Table de la Vieille Alsace. Illustrés tout au long de dessins originaux des anciens Maîtres alsaciens. Paris 1886, XVI—233 p., demi-rel. parch., couverture orig. conservée. Ouvrage de luxe contenant environ 400 dessins en noir et en bistre.

168 **Révolution française.** — *Heitz, Fr.-Ch.* L'Alsace en 1789. Tableaux des divisions territoriales et des différentes seigneuries de l'Alsace existant à l'époque de l'incorporation de cette province à la France. Strasbourg 1860, in-4°, 32 p., cart. orig.

169 — — La Contre-Révolution en Alsace de 1789 à 1793. Pièces et documents relatifs à cette époque. Strasb. 1865. 1 vol. in-8°, IV—322 p., demi-rel. parch.

170 — *Ingold, A.-M.-P.* Grégoire et l'Eglise constitutionnelle d'Alsace. Colmar 1894, in-16, 177 p., br. Av. 2 portr.

171 **Revue d'Alsace.** Sous la direction de **M. Reiner**. T. 1 et 2. Strasb. 1834 à 1835. 2 vol. in-8°, en livraisons.

172 — (dirigée p. **Ch. Bœrsch**). 2e série, T. I et II. Strasb. 1836. 2 vol. in-8°, en livraisons.

173 — (publiée par **J. Liblin**):
1850 à 1861, en 12 vol. cart.
1862 à 1870, en livraisons.
1872 à 1874, en livraisons.
En tout **24 années** complètes.

174 **Revue catholique de l'Alsace.**
Série 1 : T. I à X. Strasb. 1859 à 1868. 10 vol. gr. in-8°, demi-rel. chagr.
„ 2 : T. I et II. Strasb. 1869 et 1870. 2 vol. gr. in-8°, demi-rel. chagr.

175 **Rheinzabern.** — *Schweighaeuser, J.-G.* Antiquités de Rheinzabern. Strasb. s. d. In-4°, demi-rel. parch. Avec 14 planches. (Pl. 13 n'a pas été faite.) — Il est joint au volume une lithogr. gr. in-fol. obl., teintée : « Bas-relief en terre cuite trouvé à Rheinzabern ».

176 **Ring, Maximilien de.** Tombes celtiques de l'Alsace. **Suite de Mémoires** présentés au Comité de la Soc. . . . des Mon. histor., à Strasbourg. 2e édit. Strasb. 1861, in-fol., 38 p., br. Av. 14 planches lith., pour la plupart color. (Tiré à 210 exempl. — No 28). — **Nouvelle suite de Mémoires.** Strasb. 1865, in-fol., IV—47 p., br. Av. 16 planches lith., pour la plupart color. (Tiré à 200 exempl. — No 106). — **Résumé historique** sur ces monuments, suivi d'un mémoire sur les tombes et les établissements celtiques du sud-ouest de l'Allemagne. Strasbourg 1870, in-fol., 68 p., br. Av. 1 carte et 2 planches. (Tiré à 200 exempl. — No 143).

177 **Ristelhuber, Paul.** — *Biographies alsaciennes:* Paul Ristelhuber. Extrait des Alsaciens illustres (8e livr.) 3e édit. Strasb. 1887, in-8°, 6 p., br.

178 **Rothmüller, J.** Malerische Ansichten der Schlösser, Denkmäler und merkwürdigen Gegenden des Elsasses. Colmar s. d., in-4°, rel. Av. 124 pl. lith.

179 **Rothmüller**, **J.** Musée pittoresque et historique de l'Alsace. Haut-Rhin. Texte par MM. *L. Levrault, de Morville* et *X. Mossmann.* Colmar 1863. 1 vol. in-4°, cart. orig., dos perc. Av. 67 planches lith.

180 (**Rumpler, Louis**). Dossier des pièces pour un chanoine ressuscité à demi, contre les auteurs de sa mort et leurs complices. — Question intéressante pour tout le clergé. — Mayence 1784. 1 vol. in-8°, demi-rel. perc. Av. 1 portrait.

— Voir aussi n° 255.

181 **Sainte-Odile**. — *Albrecht, Dionysius.* History von Hohenburg, oder St. Odilien-Berg. Schletstatt 1751, in-4°, X—510—22 p., demi-rel. basane. Av. 6 planches grav. (Bel exemplaire de cet ouvrage rare et recherché).

182 — *Bussierre, le Vicomte Th. de.* Histoire de Sainte-Odile, Patronne de l'Alsace. Plancy 1850, in-24, 188 p , demi-rel. parch., tr. rouges. Av. front. col.

183 — — Même ouvrage. 2e édit. Plancy 1858, in-12, 213 p., demi-rel. chagr. Av. front. et 11 grav. hors texte.

184 — *Hirtz, Daniel.* Der Odilienberg. Eine vaterländische Erzählung für Kinder und Kinderfreunde. Strassburg 1839, in-24, 144 p., demi-rel. parch. Av. 2 gravures.

185 — *Näher, J.* Panorama vom Odilienberg im Elsass. Strassb. 1888, plié in-12, sous couverture.

186 — *Pfeffinger, Dr. Johann.* Hohenburg oder der Odilienberg sammt seinen Umgebungen in topogr. und geschichtl. Hinsicht. Strassb. 1812, in-8°, VI—104 p., pleine rel. veau anc., dos orné, tranches dorées. Av. 15 plans et gravures. (Bel exempl. à grandes marges).

187 — *Pfister Ch.* Le Duché mérovingien d'Alsace et la légende de Sainte-Odile, suivis d'une étude sur les anciens monuments du Sainte-Odile. Nancy 1892, gr. in-8°, V—270 p., br.

188 — *Reiner.* Légendes et traditions alsaciennes. Sainte-Odile, patronne de l'Alsace. Strasb (1842), in-16, 132 p., demi-rel. parch

189 — *Rey, Lucien.* Notice historique sur la montagne de Sainte-Odile, publiée à l'occasion du monument que M. Friederich se propose d'ériger sur cette montagne. Strasb. 1834, in-8°, 23 p., demi-rel. parch.

190 — *Sainte-Odile.* Excursion de la Chorale du 30 Mai 1875. Strasbourg 1875, in-18, 31 p., br. Av. 2 fig., couv. ill.

191 — *Schaeffer, Maurice.* A travers Obernai. Strasb. 1887, in-12, VIII—131 p., demi-rel. parch. Av. planches photolith. et 1 carte.

192 — *Schweighäuser, J.-G.* Explication du plan topographique de l'enceinte antique appelée le Mur Payen, située autour de la montagne de Sainte-Odile, dans le département du Bas-Rhin, et des monumens environnans. Strasb. 1825, in-8°, VI—50 p., br. Av. le plan gr. in-fol. obl.

193 — *Silbermann, J. A.* Beschreibung von Hohenburg oder dem Sanct-Odilienberg samt umliegender Gegend. Strassb 1781, in-18, IV—150 p., demi-rel. parch. Av. 19 planches gravées. Bel exemplaire. — Dans la même reliure: **Friese, Joh** Historische Merkwürdigkeiten des ehemaligen Elsasses, aus den Silbermänn'schen Schriften gezogen. Strassb. 1804, in-8°, XII—229 p. Av. portr.

194 — *Touchemolin, A.* Le mont Sainte-Odile. Notes et croquis. Strasbourg 1883, in-fol. oblong, 6 p. de texte et 20 pl. lithogr., br., couv. ill. (Ouvr. épuisé).

195 — *Wunsch* (*Des Waldbruders am Fusse des Odilienberges*) auf das Jahr 1818. Strassburg, s. d., in-8°, 7 p., br.

196 **Schattenmann, Ch.-H.** Mémoire sur la culture de la Vigne dans les Départements du Haut- et du Bas-Rhin et la Bavière Rhénane. Strasbourg 1863, in-8°, 32 p., br. Av. 4 planches. — Question des ouvriers... Paris 1848, in-8°, 16 p., br. — Pétition à la Chambre des Députés, le 16 mars 1838. Strasb. 1838, in-8°, br.

197 **Schlestadt.** — *Dorlan, A.* Notices historiques sur l'Alsace et principalement sur la ville de Schlestadt. Colmar 1843. 2 parties en 1 vol. in-8°, demi-rel. cuir.

198 — *Tableau de la municipalité actuelle* de la ville de Schlestatt et des principales circonstances et nécessité de cet heureux changement. (Schlestadt) 1789. in-8°, 86—182 p., demi-rel. parch.

199 **Schmidt, Charles.** Histoire littéraire de l'Alsace à la fin du XVe et au commencement du XVIe siècle. Paris 1879. 2 vol. gr. in-8°, demi-rel. chagr.

200 **Schnéegans, L.** Document relatif à l'histoire des procès de sorcellerie dans le Haut-Rhin dans la seconde moitié du 16me siècle. Colmar 1869, in-8°, 23 p., br.

201 **Schneider, Euloge.** — *Heitz, F. C.* Notes sur la vie et les écrits d'Euloge Schneider, accusateur public du départ. du Bas-Rhin. Strasb. 1862, in-8°, IV—167 p., demi-rel. chagr. (Taches d'eau).

202 — *Mühlenbeck, E.* Euloge Schneider. 1793. Strasb. 1896, gr. in-8°, XV—419 p., br.

203 **Schneider, Dr. Jacob.** Beiträge zur Geschichte der alten Befestigungen in den Vogesen. Mit Rücksicht auf d. röm. Fortificationswesen im südwestl. Deutschland u. im nordwestl. Frankreich. Trier 1844, in-8°, VIII—226 p., cart. Av. un plan. (Ouvr. important pour les Vosges; devenu rare).

204 **Schoepflin, Jo. Dan.** Alsatia illustrata celtica, romana, francica. Colmar 1751. 2 vol. in-fol., demi-rel. toile, non rognés. Av. nombreuses planches.

205 — L'Alsace illustrée, ou Recherches sur l'Alsace pendant la domination des Celtes, des Romains, des Francs, des Allemands et des Français. Traduction de *L. W. Ravenèz*. Mulhouse 1849—1852. 5 vol. gr. in-8°, demi-rel. chagr. Avec nombreuses planches et cartes. (Ouvrage recherché).

— Voir aussi n° 41.

206 **Schuler, Théoph.** Le Premier Livre des Petits Enfants. Alphabet complet illustré par Th. Schuler, mis en ordre par *J. Macé* et *P.-J. Stahl*. Paris, s. d., in-8°, V—226 p., rel. orig., dos chagr., plats toile, tranches dorées.

207 **Schweighaeuser fils, J.-G.** Notice sur les anciens Châteaux et autres monumens remarquables de la partie méridionale du département du Bas-Rhin. Strasb. 1824, in-16, 79 p., demi-rel. chagr.

208 — Énumération des monuments les plus remarquables du département du Bas-Rhin et des contrées adjacentes. Strasb. 1842, in-8°, 48 p., demi-rel. chagr. rouge.

209 **Schwind, Karl Franz.** Ueber die ältesten heiligen Semitischen Denkmäler. Eine Abhandlung unserer theolog. Routine entgegen. Strasburg 1792, in-8°, VIII—143 p., demi-rel. parch.

210 **Siebecker, Ed.** Histoire de l'Alsace. Entretiens d'un père alsacien. Paris, s. d., in-18, 318 p., demi-rel. chagr. Av. 4 grav. hors texte.

211 **Soultzbach.** — *Robert, Dr. A.* Notice sur les eaux gazeuses — alcalines et ferrug. de Soultzbach (Haut-Rhin). 2e édit. Strasbourg 1870, in-12, 54 p., br.

212 **Spach, Louis.** Lettres sur les Archives départementales du Bas-Rhin. Strasbourg 1862, gr. in-8°, XVI—448 p., demi-rel. veau.

213 **Spesbourg.** — *Nerlinger, Ch.* Le dernier Seigneur de Spesbourg, Gauthier de Dicka 13 . . — 1386. Av. 1 grav. par *A. Touchemolin.* (Extr. de la « Revue d'Alsace »). Paris 1896, gr. in-8°, IV–17 p., br.

214 **Spindler, Ch., & Jos. Sattler.** Images alsaciennes. Elsæsser Bilderbogen. I.—III. Jahrg. (Recueil complet). Saint-Léonard 1893—1896. 72 planches in-fol., non reliées. Av. emboîtage orig.

215 **Stauffenberg, Peter Diemringer von.** — *Engelhardt, Chr. Mor.* Der Ritter von Stauffenberg, ein Altdeutsches Gedicht, herausg. nach der Handschrift der öffentl. Bibliothek zu Strassburg. Strassb 1823, in-8°, X–153 p. Av. Atlas, gr. in-8° obl., de 26 pl. lith. — 2 vol. demi-rel. parch.

216 **Stœber, Ehrenfried.** Liederkranz für Kinder und ihre Freunde. Strassburg 1827, in-18, XII—128 p., br. Av. frontisp. lith.

217 (**Stoffel, G.**) Dictionnaire biographique d'Alsace. Liste préparatoire. Mulhouse 1869, in-4°, 111 p., demi-rel. parch.

218 **Stoltz, J.-L.** Historisch-topographische Notizen über den Rebbau und die Weine des Elsasses. Strasb. 1828, in-16, 103 p., cart. orig.

STRASBOURG.

219 — **Archives.** — *Brucker, J.-C.* Les Archives de la ville de Strasbourg antérieures à 1790. Aperçu sommaire. Strasb. 1873, in-8°, 163 p., demi-rel. chagr.

220 — **Beck, F. N. L. P.** Factum ou Exposition des Injustices et des Cruautés inouïes commises à Strasbourg par *Jos. Klinglin* . . . . contre F. N. L. P. Beck . . . . en mars 1749. Avec un appendice de 112 pièces autentiques. Amsterdam 1752, in-fol., pleine rel. veau anc.

221 — **Berger-Levrault, Oscar.** Souvenirs strasbourgeois. Discours de réception à l'Académie de Stanislas, le 16 mai 1895. — Réponse de M. *Ch. Pfister.* Nancy 1895, in-8°, 63 p., br. Av. planche double représentant la Bannière de Strasbourg.

222 — **Bibliothèques.** — *Ristelhuber, P.* Histoire de la Formation de la Bibliothèque Municipale créée à Strasbourg en 1872. Paris 1895, in-8°, 36 p., br.

223 — **Capitulation de 1681.** — *Coste.* Réunion de Strasbourg à la France. Documents pour la plupart inédits. Strasbourg 1841, in-8°, VIII—184 p., demi-rel. basane.

224 — — *Hallez-Claparède (le Comte).* Capitulation de Strasbourg. Scènes historiques. Strasbourg 1862, in-8°, VIII–56 p., br. (Imprimé à un petit nombre d'exempl. destinés aux amis de l'auteur).

225 — **Chroniques.** — *Code historique et diplomatique* de la ville de Strasbourg. (Rédigé par *L. Schneegans* et *A. Strobel*) Av. introd. p. *G.-F. Schützenberger*, et notice sur Closener et Kœnigshoven et leurs chroniques, par *A. Schneegans.* T. I, part. I/II. Strasb. 1843. 2 vol. in-4°, demi-rel. parch. (Tout ce qui a paru).

226 — — *Fragments des anciennes Chroniques d'Alsace.* 3 vol. gr. in-8°, demi-rel. parch.

T. I : *Dacheux, L.* La petite chronique de la Cathédrale . . . . Strasb. 1887, 149 p.

T. II : *Reuss, Rod.* Les Collectanées de Daniel Specklin. Strasb. 1890, IV–585 p.

T. III : *Dacheux, L.* Les chroniques strasb. de J. Trausch et de J. Wencker . . . . Strasb. 1892, CIX—281 p.

227 — **Cuissard, Charles** Bongars et l'affaire de la Chartreuse de Strasbourg. Orléans 1895, in-8°, 24 p., br.

— **Dialecte.** — Voir nos 56 à 67.

STRASBOURG.

228 — **Églises.** — *Grandidier, l'abbé.* Histoire de l'Eglise et des évêques-princes de Strasbourg. Strasbourg 1776—78. 2 vol. in-4°, demi-rel. basane anc., dos orn., tranches rouges. Av. portrait. (Ouvrage rare et recherché).

229 — — **Cathédrale.** — *Description exacte de l'Horloge* de l'Eglise Cathédrale de Strasbourg. — Vera effigies ac descriptio Astronomici Horologii Argentinensis .... — Eygentliche Fürbildung und Beschreibung des künstl. Astronomischen Uhrwercks .... im 1574. Jahr auffgericht. S. l. ni d. 1 feuille in-fol. obl., dans les 3 langues, avec petit cadre en bois doré, datant d'un siècle environ.

230 — — — *Description nouvelle de la Cathédrale* de Strasbourg et de sa fameuse tour. 2ᵉ édit., traduite de l'allemand par *François Joseph Böhm.* Strasb. 1743, in-18, VIII—140 p., demi-rel. chagr. noir. Av. 8 fig. en taille douce.

231 — — — *Grandidier, l'abbé.* Essais historiques et topographiques sur l'église cathédrale de Strasbourg. Strasb. 1782, in-16, XVI—436 p., demi-rel. parch.

232 — — — *Reuss, Rod.* La Cathédrale de Strasbourg pendant la Révolution. Etudes sur l'histoire politique et religieuse de l'Alsace (1789-1802). Strasbourg 1888, in-18, XII—659 p., br. Av. vue de la Cathédrale.

233 — **Événements et Fêtes. — 1894.** — *Pfingstmondaa 1894.* G'spielt von Stroosburjer Burjerslit (ing'iebt von Alexander Hessler) im Jänner 1894. Album, pet. in-fol., de 15 planches photolith. renfermées dans un emboîtage en toile.

234 — **Expositions.** — *Exposition industrielle de 1895.* Exposition rétrospective alsacienne et lorraine, à l'Orangerie. (Catalogue). Strasbourg 1895, gr. in-8°, 148 p., br. Av. 8 pl. photolith.

235 — **Friese, Johannes.** Neue vaterländische Geschichte der Stadt Strassburg. Ein Lesebuch für die Jugend. Strasb. 1791—1801. 5 vol. in-8°, demi-rel. parch Av. quelques portraits et un plan. (Bel exempl.)

236 — **Graffenauer, J.-P.** Topographie physique et médicale de la ville de Strasbourg. Strasb. 1816, in-8°, VIII—312 p., demi-rel. parch. Av. des tableaux statist., une vue et un plan de la ville.

237 — **Gutemberg.** — *Relation complète des Fêtes de Gutenberg* célébrées à Strasbourg, les 24, 25 et 26 juin 1840. Grand Album du Cortège industriel de Strasbourg, 25 juin 1840. Dessins de *E. Glück.* In-fol. oblong. Strasbourg 1841. 51 planches coloriées, en feuilles.

238 — **Hermann, Jean-Fréd.** Notices historiques, statistiques et littéraires sur la ville de Strasbourg. Strasb. 1817—1819. 2 vol. in-8°, demi-rel. veau anc., dos ornés. Av. portrait ajouté.

239 — **Kentzinger, Chᵉʳ de.** Strasbourg et l'Alsace, ou Choses mémorables des vieux temps. Strasb. 1824, in-8°, 201 p., demi-rel. parch.

240 — (**Klœckler**), **Madame la Baronne de.** La Société de Strasbourg. Etude suivie du Carnet mondain strasbourgeois qui la complète. Colmar 1888, in-8°, 186—71 p., demi-rel. parch.

241 — **Kœnigshofen.** — *Straub, le Chanoine A.* Les antiquités gallo-romaines de Kœnigshofen. (Banlieue de Strasbourg). Strasbourg 1878, gr. in-8°, 24 p., demi-rel. parch. Avec 3 lithogr., 1 carte et 5 grav. intercalées dans le texte. (Tirage spécial sur papier de Hollande).

242 — **Laville, E., et J. Vogel.** Esquisses physiologiques des mœurs de Strasbourg. 30 planches lith. S. l. ni d. In-fol., sous couverture originale.

STRASBOURG.

243 — **Levrault, Louis**. Essai sur l'ancienne monnaie de Strasbourg et sur ses rapports avec l'histoire d'Alsace. 2e édit. Paris 1874, in-8°, XIV—462 p., demi-rel. chagr.

244 — **Musée de peinture et de sculpture** de Strasbourg. Catalogue. Strasbourg, s. d. (1869), in-8°, 18 p., br. (Rare).

245 — **Œuvre Notre-Dame**. — *Romet*. Notice sur l'Œuvre Notre-Dame et la Cathédrale de Strasbourg. (Extr. de l'Annuaire du Bas-Rhin). Strasb. 1867, in-8°, 8 p., br.

246 — **Ordonnances. — 1522—1789.** — 1 lot de 62 pièces diverses des années 1522 à 1789.

247 — — **1620—1679.** — 16 Ordonnances des années 1620 à 1679 réunies en 1 vol. pet. in-fol., demi-rel. parch.

248 — — **1708.** — Der Statt Strassburg Policey Ordnung. 1708. Pet. in-fol., XIV—199 p., demi-rel. parch.

249 — **Piton, Fréd**. Strasbourg illustré, ou Panorama pittoresque, historique et statistique de Strasbourg et de ses environs. Strasb. 1855, gr. in-4°, demi-rel. veau. 2 vol. Av. beaucoup de planches col. et noires. (Sans le plan et le panorama de Strasbourg en 4 feuilles) (Reliure fatiguée).

250 — **Reiber, Ferd**. Küchen-Zettel und Regeln eines strassburger Frauenklosters des XVI. Jahrhunderts. (Les règles de cuisine des nonnes de St-Nicolas-aux-Ondes). Strassburg 1891, pet. in-4°, 52 p., pap. à la cuve, texte encadré de vieux bois, br. (Tiré à 150 exempl. numérotés).

251 — **Révolution**. — *Annales de la Société harmonique* des Amis réunis de Strasbourg, ou Cures que des membres de cette Société ont opérées par le magnétisme animal. Strasbourg 1789. T. III. 1 vol. in-12, demi-rel. parch., tr. rouges. (Ce recueil, si important pour le magnétisme animal, fournit aussi les plus curieux renseignements sur l'histoire de l'Alsace à la fin du XVIIIe siècle).

252 — — *Argos*, oder der Mann mit hundert Augen. II u. III. Halbjahr. (Jhrg. 1793 cplt.) Strasb. 1793. 2 vol. in-12, cart.

253 — *Heitz*, *F C.* Les Sociétés politiques de Strasbourg pendant les années 1790 à 1795. Extraits de leurs procès-verbaux. Strasbourg 1863, in-8°, VIII-400 p., demi-rel. chagr.

254 — — *Hofmann*, Amtmann. Rede an die versammlete Bürgerschaft der Stadt Strasburg, welche Herr Amtmann Hofmann als Bürger dieser Stadt..... den 18 März 1789 zu halten sich vorgenommen hatte..... (Strasb.) 1789, pet in-4°, 24 p., br.

255 — — *Proesamlé, Jean-Frédéric*, et *François-Louis Rumpler*: 15 brochures controverses, avec 4 gravures sur cuivre, réunies en un volume in-18, cart. (Recueil très rare).

256 — — *Recueil de pièces authentiques* servant à l'histoire de la Révolution à Strasbourg. (Livre bleu). Strasb an II. 2 vol. in-8°, cart.

257 — — *Seinguerlet, E.* L'Alsace française. Strasbourg pendant la Révolution. Paris 1881, in-8°, XII—364 p., demi-rel. chagr.

258 — (**Seyboth**), **Ad**. Ansichten des Alten Strassburg. 50 Tafeln mit erklärendem Text. Strassburg, s. d., in-fol., en portefeuille orig.

259 — — Das Alte Strassburg. v. 13. Jahrh. b. z. Jahre 1870. Strassb. (1890), in-fol., XVI—331 p., demi-rel. parch., non rogné. Av. nombr. grav. et planches. (Bel. exempl. de cet ouvrage rare et recherché.)

260 — — Strasbourg historique et pittoresque depuis son origine jusqu'en 1870. Aquarelles et Dessins par *E. Schweitzer* et *A. Koerttgé*. Strasbourg 1894, in-fol., XII—704 p., non relié, av. emboît. toile orig., fers spéciaux.

STRASBOURG.

261 — **Siège de 1870.** — *Après le Bombardement.* Soirées musicales à l'Atelier de M. Félix Haffner. Strasbourg 1870, in-8°, br. Av. 1 pl. (Ravissante plaquette imprimée à petit nombre pour les amis). Tirage sur papier rose.

262 — — *Klotz, G.* Cathédrale de Strasbourg. Réparations des dégâts causés au sommet de la flèche par le bombardement. Strasbourg 1871, gr. in-8°, 23 p., av. 4 pl. grav. — Réparation générale des dégâts causés par le bombardement. Strasb. 1872, gr. in-8°, 58 p, avec 5 photographies. — Ensemble 2 brochures.

263 — — *Ruines de Strasbourg.* 20 Photographies par *Baudelaire, Saglio* et *Peter*, montées sur carton blanc in-4°. Portefeuille original, pleine toile, fers spéciaux.

264 — **Silbermann, Joh. Andr.** Local-Geschichte der Stadt Strassburg. Strassb. 1775, in-fol., XII—245 p., cart. Av. 16 pl. gr. par Weis. (Ouvrage recherché).

265 — **Strasbourg, ses monumens et ses curiosités,** ou Description de sa Cathédrale et de ses autres édifices publics, musées, arsenaux, bibliothèques, promenades, etc. Strasbourg 1831, in-24, XXVI—234 p., cart. Av. 5 lithogr.

266 — **Tableau concernant l'état nouveau des inscriptions des rues** et du numérotage des maisons, publié d'après les documents fournis par l'Administration municipale. Strasb. 1858, in-8°, XXIII—188 p. — **Tableau concernant l'état ancien...** Strasb. 1858, in-8°, XIX—166 p., demi-rel. parch.

---

267 **Strobel, A. W.** Topographie abrégée de l'Alsace, suivie d'un précis de l'histoire de ce pays. Strasbourg, s. d., in-8°, 78 p., br.

268 **(Stupfel).** Archives d'Alsace, ou Recueil des actes publics concernans cette province pour servir de pièces justificatives aux Considérations et aux Questions d'Etat sur la même province. S. l. 1790, 415 p., demi-rel. veau, fers spéciaux sur dos.

269 **Tainturier, A.** Recherches sur les anciennes manufactures de porcelaine et de faïence. (Alsace et Lorr.) Avec 55 monogr. et grav. (Tirage à part du *Bibliographe alsacien*). Strasbourg 1868, in-8°, XV—95 p., demi-rel. maroq. (Tiré à 200 exempl. — Très rare).

270 **Taschenbuch (Alsatisches)** für das Jahr 1806 u. 1807 (herausg. v. *Ehr. Stoeber* u. andern). Strasburg. 2 vol. in-24, cart. Avec grav. de *B. Zix* et planches de musique.

271 **Taschenbuch (Strassburger)** auf das Jahr 1803 (11 u. 12). Strassb. in-24, broché. (Calendrier statistique très intéressant).

272 **Val-de-Villé.** — *Nartz, Th.* (abbé). Le Val de Villé. Recherches historiques. Strasb. 1887. 1 fort vol. gr. in-8°, demi-rel. parch. Avec planches lithographiées.

273 **Veilleur de Nuit (Le).** Album d'Alsace et de Lorraine. Année I (seule parue). Strasbourg 1857, in-4°, IV—96 p., br. Avec 25 illustrations.

274 — Le même, cart. demi-toile.

275 **Véran, Maurice.** Conférences d'un Patriote : Kléber — La Cathédrale de Strasbourg — La Patrie. Paris 1878, in-16, 167 p., br.

276 **Vosges.** — *Cuvier, L.* Promenades dans les Vosges. 15 planches. Montbéliard, s. d. (1886), in-fol., dans le carton emboîtage orig.

277 — *Ganier, H., et J. Froelich.* Voyage aux châteaux historiques des Vosges septentrionales. Illustré de 207 dessins orig. Nancy 1889, gr. in-8°, VIII—510 p., demi-rel. chagr.

278 — *Schricker, August.* In die Vogesen. Ein Führer. Ausg. 1874, mit 4 Spezialkarten. Strassburg 1874, in-18, VII—208 p., cart. toile orig.

279 **Vosges.** — *Voulot, F.* ABC d'une science nouvelle. Les Vosges avant l'histoire. Etude sur les traditions, les institutions..... Mulhouse 1872. 1 vol. in-fol., XVIII—224p., demi-rel. basane. Av. 80 planches.
280 **Walter.** Vues pittoresques de l'Alsace, dessinées, gravées et terminées en bistre, avec un texte historique par M. *l'abbé Grandidier.* Strasb. 1785, in-4°, demi-rel. chagr. rouge. Av. 12 planches en noir. (Exempl. à grandes marges).
281 — Même ouvrage à petites marges. Av. les 12 pl. en noir. (Seule la première est coloriée).
282 **Wanderer (Der) im Elsass.** Le Touriste en Alsace. Illustrirte Wochenschrift. Journal hebdomadaire illustré. Publié par *F. X. Sailé.* Années I à VII. Colmar 1888—1894. 7 vol. in-4°, demi-rel. chagr. (T. VII br.) Avec grand nombre de gravures : Vues d'Alsace. — (Collection complète).
283 **Wissembourg.** — *Hepp, Edg.* Wissembourg au début de l'invasion de 1870. Récit d'un sous-préfet. Nancy 1887, in-8°, VIII—118 p., demi-rel. parch.
284 **Witt, Mme de, née Guizot.** Alsaciens et Alsaciennes. Ouvrage illustré de 68 gravures d'après *E. Zier.* Paris 1893, gr. in-8°, 320 p., demi-rel. parchemin.

Volumes omis.

285 **About, E.** Alsace 1871—1872. 2e édit. Paris 1873, in-16, 350 p., br.
286 **Laporte, Michel E.** L'Alsace reconquise. Paris 1873, in-16, 275 p., br.
287 **Prussiens (Les) en Alsace.** Récits et faits recueillis par Un Patriote alsacien. Paris 1874, in-16, 409 p., br.
288 **Schnéegans, A.** La Guerre en Alsace : Strasbourg. Paris et Neuchâtel 1871, in-12, 426 p., br. Av. 2 plans.

B. OUVRAGES NON ALSATIQUES.

1. Almanachs.

289 **Almanach de Gotha.** Années 1835, 1879, 1880, 1882 et 1887. 5 vol. in-24, rel. orig.
290 **Almanach des Gourmands.** 2e, 4e et 5e années. Paris 1804 — 1807, 3 vol. cart. Av. frontispices par *Dunant.*
291 **Almanach des Monnoies.** Années 1785 et 1786. Titres gravés. Paris 1785 et 1786. 2 vol. in-18, pleine rel. cuir, dos ornés.
292 **Nouvel Almanach des Gourmands,** par *A.-B. de Périgord.* 1re année. Paris 1825, in-24, cart. Av. frontisp.

2. Beaux-Arts. — Arts industriels, héraldique et militaire. — Architecture. — Archéologie. — Costumes. — Livres à figures du 18e Siècle.

293 **Adeline, Jules.** La Peinture à l'Eau. Aquarelle — Lavis — Gouache — Miniature. Ouvrage ill. de 145 fig. et 5 pl. en couleur. Paris (1888), gr. in-8°, br.
294 **André, Ed.** L'Art des Jardins. Traité général de la composition des Parcs et Jardins. Av. 11 pl. en chromolith. et 520 fig. dans le texte. Paris 1879, pet. in-fol., demi-rel. chagr.

295 **Art (L') ancien** à l'Exposition de 1878. (Publication de la Gazette des Beaux-Arts). Nombreuses illustrations et gravures hors texte. Paris 1879, in-4°, demi-rel. parch.

296 **Art (L') moderne** à l'Exposition de 1878. (Publication de la Gazette des Beaux-Arts). Nombreuses illustrations et gravures hors texte. Paris 1879, in-4°, demi-rel. parch.

297 **Audsley, W. et G.** La Peinture murale décorative, dans le style du Moyen Age. 36 pl. en couleur et or, av. notices explicatives. Paris 1881, gr. in-fol., en feuilles, dans l'emboîtage orig. (Ouvrage incomplet des pl. 1, 28 et 33).

298 **Auszüge** aus den vornemsten Wissenschaften. Für Joh. Heinr. Meyer, in Zürich. Anno 1775. **Manuscrit** de 44 feuillets, av. nombreux dessins à la plume, cart.

299 **Bachelin-Deflorenne.** La Science des Armoiries. Av. gravures dans le texte. Paris 1880, in-8°, demi-rel. chagr.

300 **Balzac.** Les Contes drolatiques. 8e édit. illustrée de 425 dessins par *Gustave Doré*. Paris, s. d., in-8°, br.

301 **Batteux.** Les Beaux-Arts réduits à un même principe. (Nouv. édit.) Paris 1747, in-18, pl. rel. veau anc. Av. frontisp. et 2 vignettes par *C. Eisen, De la Fosse* sculp.

302 **Benoist, Mme.** Les Avantures du beau Cordonnier; ou les Amours d'Isidore né marquis D***, et de la vertueuse Agathe, veuve du marquis d'Olfonte; 2 tomes en 1 vol. La Haye 1769, in-18, demi-rel. basane. Avec 2 frontisp. gravés. (Incplt. de quelques pages).

303 **Bertuch, Karl.** Bilderbuch für Kinder, enthaltend eine angenehme Sammlung von Thieren, Pflanzen, Blumen, Früchten, Mineralien, Trachten . . . . Auf Kupfer gestochen, koloriert und mit kurzen Erklärungen begleitet. Bd. I—VII mit 700 Tafeln, in 140 Lieferungen. Weimar 1792—1810.

304 **Bessas de la Mégie, O. de.** Légendaire de la Noblesse de France. Paris 1865, gr. in-8°, demi-rel. chagr.

305 **Bigarures de l'Esprit humain.** 24 belles gravures coloriées, par *Victor Adam*, av. texte de *Mme de Savignac*. Paris, s. d., in-8° obl., br.

306 **Bilderbogen, Kunsthistorische.** Handausgabe Bd. I—IV (Altertum, Mittelalter und Neuzeit). Leipzig 1887—1892. 4 vol. in-4°, toile orig.

307 **Blanc, Charles.** Histoire des Peintres de toutes les Ecoles. Ecole française, 3 vol. in-4° richement illustrés. Paris 1865, demi-rel. amat., chagr. rouge, têtes dorées.

308 — Grammaire des Arts du Dessin. 2e édition. Paris 1870. 1 fort vol., pet. in-fol., demi-rel. chagr., plats percaline. Enrichi d'un grand nombre de gravures.

309 — Le Trésor de la Curiosité, tiré des Catalogues de vente de tableaux, dessins, estampes, livres, marbres, bronzes . . . et autres objets d'art. Paris 1857 à 1858. 2 vol. gr. in-8°, demi-rel. chagr. bleu, av. coins, tranches marbrées.

310 **Blason ou Art héraldique.** 33 planches gravées, in-4°, *Benard* direxit. Réunies en 1 vol. cart.

311 **Bœtzel, E.** Les Artistes modernes. Souvenirs du Salon 1878. Série de 25 eaux-fortes, par les artistes eux-mêmes, dans un emboîtage in-fol. de toile rouge. (Belles épreuves).

312 **Breton, Ernest.** Pompeia décrite et dessinée par E. Breton. Suivie d'une notice sur Herculanum. 2e édit. Paris 1855, gr. in-8°, demi-rel. basane. Av. nombreuses gravures et planches.

313 **Busch, Wilhelm.** Wilhelm Busch Album. Humoristischer Hausschatz. Sammlung der beliebtesten Schriften mit 1500 Bildern. Mit d. Portr. des Verfassers. 3 Aufl. München, s. d., in-4°, toile rouge orig.

313ᵘ **Callot, Jacques.** Les Misères et les Malheurs de la Guerre. Representez par *Jacques Callot*, Noble Lorrain, et mis en lumière par *Israel* son amy. A Paris 1633. Titre et 17 pl. gravées, in-8° obl. Tirage moderne du 19ᵉ siècle.

314 **Champeaux, Alfred de.** Le Meuble. Paris (1885). 2 vol. in-8°, rel. toile rouge orig. Av. 182 fig. dans le texte.

315 — Dessins et modèles: Les Arts du Tissu. Etoffes — Tapisseries — Broderies — Dentelles — Reliures. Album comprenant 150 gravures. Paris (1891), gr. in-8°, cart. orig.

316 **Chasses**, contenant 23 planches gravées, la plupart par *Goussier del.*, *Defehrt et Prevost fec.*, et 31 p. de texte. Demi-rel. chagr. mod.

317 **Cours de Dessin.** — *Hubert.* Cours de Paysage. 50 planches in-fol., pleine rel. perc.

318 — *Jullien.* Cours de Fleurs. 50 planches in-4°, pleine rel. perc.

319 — *Lalaisse.* Cours d'Animaux. 50 planches in-fol., pleine rel. perc.

320 — *de Rudder.* Cours de Figure. 50 planches in-fol., pleine rel. perc.

321 — Cours varié. 50 planches tirées des 4 numéros précédents. In-fol., pleine toile orig.

322 **Cousin, Jean.** L'Art de dessiner, revu, corrigé et augmenté. Paris 1750. 33 pl. gravées par *Le Sueur l'aîné*, av. texte en regard. Paris, chez Franç. Chereau, 1750, gr. in-8° obl., br.

323 **Crafty.** Snob à Paris. 40 planches. Paris, s. d., in-8° obl., cart.

324 **Deck, Théodore.** La Faïence. Av. gravures. Paris (1887), in-12, cart. toile orig.

325 (**Delisle de Sales, J. B. C.**) Histoire philosophique du Monde primitif, par l'auteur de la Philosophie de la Nature. 4ᵉ édit. refondue et augmentée de plusieurs volumes. Av. portrait (*Borel* del., *P. Duflos j.* sculp.), 3 pl. astronom. (dont l'une *Macret* sculp.), 2 pl. de rochers, 2 pl. de vues (dont l'une *Chatellet* del., *Caron* sculp.), 1 pl. empreinte sur ardoise d'un poisson (*L. Rib* del.), 3 pl. mythol. (dont l'une *Mongin* del., *Macret* scp.) et 2 pl. de fables (*C. Monnet* del., *H. L. Schmitz* sculp.)

326 **Doré, Gustave.** — *Aventures du Baron de Münchhausen.* Traduction nouvelle par *Th. Gautier fils,* illustrées par *G. Doré.* Paris, s. d., in-4°, pl. rel. percal., fers spéc., non rogné.

327 **Eméric-David, T. B.** Histoire de la Peinture au Moyen Age. Av. une notice sur l'auteur, par *P. L. Jacob*, Bibliophile. Paris 1842, in-18, demi-rel. veau.

328 **Fielding.** Histoire de Tom Jones, ou l'Enfant trouvé. Traduction de l'anglais par M. *De La Place.* Enrichie de 16 estampes dessinées par M. *Gravelot.* Londres 1764. 4 vol. in-18, pleine rel. veau anc., dos ornés, tr. rouges.

329 **Fossé.** Idées d'un militaire pour la disposition des troupes confiées aux jeunes officiers dans la défense et l'attaque des petits postes. 1 fleuron sur le titre, 1 vignette coloriée (les armes du Duc du Chatelet) et 10 planches doubles, coloriées, gravées par *Louis Marin Bonnet.* Paris 1783. 1 vol. in-4°, pleine rel. basane, tr. dorées.

330 **Frœhner, W.** La Colonne Trajane. Texte accompagné d'une carte de l'ancienne Dacie et illustré par *Jules Duvaux.* Paris 1865, in-8°, demi-rel. parch.

331 **Grandville, J. J.** Les Etoiles, dernière féerie, 14 pl. coloriées. Texte par *Méry.* Astronomie des dames par le Cᵗᵉ *Foelix.* 2 parties en 1 vol. Paris, s. d., gr. in-8°, toile orig., tr. dorées.

332 — Scènes de la Vie privée et publique des Animaux. Vignettes par Grandville. Etudes de mœurs contemporaines par MM. de Balzac — George Sand — Ch. Nodier — Stahl — etc., etc. Paris 1852, pet. in-fol., demi-rel. veau ord.

333 **Guédy, Théodore.** Nouveau Dictionnaire des Peintres anciens et contemporains. Paris 1882, gr. in-8°, demi-rel. chagr.

334 **Guichard, Ed.** Les Tapisseries décoratives du Garde-Meuble. (Mobilier national). Choix des plus beaux motifs, sur 100 planches. Avec texte par *Alfred Darcel.* Paris, s. d., in-fol., non relié.

335 **Haden, Francis-Seymour.** L'Œuvre gravé de Rembrandt. Etude monographique Paris 1880. 1 brochure gr. in-8° de 32 pages.

336 **Hauff, H.** Moden u. Trachten. Fragmente zur Geschichte des Costüms. Stuttg. 1840, in-12, br.

337 **Hausfrau Wirthschaftsbuch, Der.** In altdeutscher Ausstattung mit Randverzierungen u. farbigem Umschlage von *Otto Hupp.* Schmal-Folio. O. J., br

338 **Hohberg, Wolff Helmhard.** Georgica curiosa aucta, Das ist Umständlicher Bericht u. klarer Unterricht von dem Adelichen Land und Feld-Leben... Mit dienlichen Kupffern bestens versehen. 3 Theile. Nürnberg 1701—1715. 3 vol. in-fol., in Ganzpergament gebunden.

339 **Jacquemart, A.** Les Merveilles de la Céramique. 2e édit. 3e partie: Occident (Temps modernes). Contenant 49 vignettes sur bois et 833 monogrammes. Paris 1871, in-16, demi-rel. chagr.

340 — Histoire du Mobilier. Av. une Notice sur l'auteur par *H. Barbet de Jouy.* Av. plus de 200 eaux-fortes typogr. Paris 1876, gr. in-8°, demi-rel. chagr. rouge orig., plats perc. rouge, fers spéc., tr. dorées. (Taches de rouille).

341 **Inhalt der 4 Evangelien.** 74 Gravures sur bois in-18 obl., tirées d'un ouvrage allemand et montées sur papier petit in-4° obl. *Lucas Schnitzer sculp. 1634*, br., couv. ill.

342 **Job.** Les Mots historiques du Pays de France. Texte par ***Trogan.*** Illustrations de *Job.* Tours 1896, in-4°, pl. rel. toile orig., fers spéc., tr. rouges.

343 **Kalender, Deutscher,** 1887. Berlin, Reinhold Kühn. Kl. 4°, br. Mit vielen farbigen Wappenbildern.

344 **Kalender, Münchener** 1886—1897. Mit vielen kolorierten Wappenbildern von *Otto Hupp.* 11 Jahrgänge in Schmal-Folio, br.

345 **Karl-Robert.** Le Fusain sans maître. Traité complet sur l'étude du paysage au fusain. Paris 1881, in-8°, br. Av. 7 grav. hors texte.

346 **Laborde,** Professeur. Le Cotillon. Album, pet. in-fol. obl., de 15 pl. lithogr., fonds teintés. Av. texte explicatif. Paris, s. d., cart.

347 **Lacroix, Paul.** Les Arts au Moyen Age et à l'Epoque de la Renaissance. Ouvrage ill. de 20 pl. chromolith. et 400 grav. sur bois. 6e édit. Paris 1877, gr. in-8°, demi-rel. chagr. rouge orig., plats perc., fers spéciaux, tr. dorées.

348 — Mœurs, Usages et Costumes du Moyen-Age et à l'Epoque de la Renaissance. Ouvrage ill. de 15 pl. chromolith. et 440 grav. 5e édit. Paris 1877, gr. in-8°. Même rel. que le n° précédent.

349 — Sciences et Lettres au Moyen-Age et à l'Epoque de la Renaissance. Ouvrage ill. de 13 pl. chromolith. et 400 grav. sur bois. Paris 1877, gr. in-8°. Même rel. que les nos précédents.

350 — Vie militaire et religieuse au Moyen-Age et à l'Epoque de la Renaissance. Ouvrage ill de 14 chromolithogr. et 410 figures sur bois. 4e édit. Paris 1877, gr. in-8°. Même rel. que les nos précédents.

351 — XVIIe Siècle. Institutions, Usages et Costumes. France 1590—1700. Ouvrage ill. de 16 chromolith. et 300 grav. sur bois. Paris 1880, gr. in-8°. Même rel. que les nos précédents.

352 — XVIIe iècle. Lettres, Sciences et Arts. France 1590—1700. Ouvrage ill. de 17 chromolith. et 300 grav. sur bois. Paris 1882, gr. in-8°. Même rel. que les nos précédents.

353 **Lacroix, Paul.** XVIIIe Siècle. Institutions, Usages et Costumes. France 1700—1789. Ouvrage ill. de 21 chromolith. et 350 grav. sur bois. 3e édit. Paris 1878, gr. in-8°. Même rel. que les n^{os} précédents.

354 — XVIIIe Siècle. Lettres, Sciences et Arts. France 1700—1789. Ouvrage ill. de 16 chromolith. et 250 grav. sur bois. Paris 1878, gr. in-8°. Même rel. que les n^{os} précédents.

355 **Lavater.** Mimique, ou l'Art de connaitre les hommes sur leurs attitudes, leurs gestes et leurs démarches; d'après Lavater. Av. 32 planches coloriées. Paris 1809, in-24, br.

356 **Leblond, F.** Souvenir de Terpsichore. Recueil de Contre-Danses. Paris, s. d., in-24 obl., cart. 30 pages de musique gravées, et 3 petites gravures par *E. Le Sueur*, *C. Poelenberg et J. Miel.*

357 **Le Brun, Armand, H. Hamilton et G. Heumann.** Le Vocabulaire illustré des mots usuels français, anglais, allemands. Illustré de 3350 gravures. Paris, s. d., in-4°, cart. percal. bleue orig., tr. rouges.

358 **Lejeune, Théodore.** Guide théorique et pratique de l'Amateur de Tableaux. Av. Dictionnaire ill. des signatures, monogrammes et marques figurées des peintres de toutes les Ecoles. Paris 1864 à 1865. 3 vol. in-8°, demi-rel. chagr. bleu, tranches marbrées.

359 **Le Muet, Pierre.** Manière de bien bastir pour toutes sortes de personnes. 2e édit. revue, augmentée et enrichie de plusieurs figures, de beaux bastimens et édifices... A la suite: Augmentations de nouveaux bastimens faicts en France par les Ordres et Desseins du Sieur le Muet. Paris 1647. 1 vol. in-fol., pl. rel. parch.

360 **Majeri, Michaelis,** Chymisches Cabinet/ derer grossen Geheimnussen der Natur/ durch wohl ersonnene sinnreiche Kupfferstiche und Emblemata... dargestellet und ausgezieret. Franckfurt 1708, pet. in-40, demi-rel. parch. moderne.

361 **Manuel des Lois du Batiment,** élaboré par la Soc. centrale des Architectes. Avec figures. Paris 1863, in-8°, demi-rel. chagr.

362 **Moyen (Le) de devenir Peintre** en trois heures, et d'exécuter au pinceau les ouvrages des plus grands Maitres, sans avoir appris le dessin. Nouv. édit. Amsterdam 1772, in-16, cart. Av. frontisp. gravé.

363 **M(usseau), J. C. L.** Manuel des Amateurs d'Estampes. Paris 1821, in-18, cart.

363^{a} **Nash, Jos.** Views of the interior and exterior of Windsor Castle. London 1848, tr. gr. in-fol. Vue col. sur titre et 25 pl. coloriées, av. texte explicatif pour chaque vue. Superbe ouvrage renfermé dans son carton-emboitage orig.

364 **Origine (L') des Fleurs.** Par M. A. D. Titre et 6 vignettes gravés par *C. Johannot* d'après *Ch. Chasselat.* Paris, s. d., in-24, cart. demi-parch.

365 **Panckoucke, C. L. F.** Etudes et dissertations nouvelles sur C. C. Tacite. Accompagnées de gravures des bustes des Césars, des monuments et plans de Rome, des champs de bataille, d'objets d'histoire naturelle coloriés, etc., etc. Livraisons 1 à 4, avec 24 planches. Paris 1842, gr. in-8°, br.

366 **Passion de Notre Seigneur Jésus-Christ.** *Adrianus Collaert sculp., Joh. Stradamus inven., Phls. Gall excud.* 33 (sur 37) planches, pet. in-fol. obl., légendes latines. — A la suite: **Solitudo sive vitae Patrum eremicolarum.....** *Joannis et Raphael Sadeler fratrum* impensis sculps. & excusa. 25 planches, pet. in-fol. obl., légendes latines. — Les deux ouvrages réunis en 1 vol., demi-rel. basane, (Quelques planches abîmées).

367 **Picart, Bernard.** Neueröffneter Musen-Tempel, welches das allermerkwürdigste aus den Fabeln der Alten in 60 auserlesenen und schönen Kupfern vorstellet. Nebst einer Vorrede Herrn *Christ. Gottl. Stockmanns*, J. C. Amsterdam u. Leipzig 1754, in-fol., Ganzlederband, mit Rotschnitt (Tafel 13, 16 u. 60 fehlen.)

368 **Recueil de jolies gravures** au nombre de 108 planches, av. une table alphabétique manuscrite qui est en tête. Paris 1840, in-8° obl., demi-rel. veau.

369 **Revue des Arts décoratifs.** 1re année, 1880—1881. Paris, A. Quantin, pet. in-fol., demi-rel. parch. Av. grand nombre de planches.

370 **Rich, Anthony.** Dictionnaire des Antiquités romaines et grecques, accomp. de 2000 grav. d'après l'antique. Traduit de l'anglais. Paris 1861, in-12, demi-rel. chagr.

371 **Richardson.** Lettres angloises, ou Histoire de Miss Clarisse Harlove. Nouv. édit., augmentée de l'Eloge de Richardson... Paris 1766. 13 tomes en 4 vol. in-18, pleine rel. veau anc. Av. 1 portrait de l'auteur non signé, et 21 figures gravées par *Duflos*, d'après celles d'*Eisen* et de *Pasquier*, et copiées sur celles de l'édit. de 1751.

372 **Ris-Paquot.** L'Art de restaurer les Tableaux anciens et modernes, ainsi que les gravures..... Av. 13 pl., marques et monogrammes. Amiens, s. d., in-18, demi-rel. chagr.

373 **Salmon.** Art du Potier d'Etain. 2 parties en 1 vol. Paris 1788, in-fol., cart., non rognées. Av. 32. pl. gravées sur cuivre.

374 **Sanier Père et Fils.** Recueil complet de Chiffres à deux et trois lettres. Nouv. édition. Paris, s. d., 34 planches gravées, cart.

375 **Science des Médailles (La)**, (par le P. *Jobert*). Nouv. édit., av. des remarques hist. et crit. (par *Bimard de la Bastie*). Paris 1739. 2 vol. in-18, demi-rel. veau mod. Titre gravé, *F. Ertinger* fecit, 2 en-têtes, par le même, 1 en-tête, *P. Simmoneau filius* fec., et 12 pl. de médailles non signées.

376 **Sieurin, J.** Manuel de l'Amateur d'Illustrations. Gravures et portraits. Paris 1875, in-8°, demi-rel. maroq. bleu, av. coins.

377 **Spalart, Robert von.** Versuch über das Kostüm der vorzüglichsten Völker des **Alterthums.** Herausg. v. *Ignatz Albrecht.* Wien 1796—1798. 3 Theile in 3 Bde. geb., **mit 110 color. Kupfertafeln.** (Tadellos erhaltenes Exempl.)

378 — Versuch über das Kostüm der vorzüglichsten Völker des **Mittelalters.** Herausg. v. *Ignatz Albrecht.* Wien 1800—1811. 5 Theile in 4 Bde. geb., **mit 250 color. Kupfertafeln.** (Tadellos erhaltenes Exempl.)

379 **Statz, Vincenz.** Détails gothiques. Gothische Einzelheiten. 4 Séries dans 2 emboîtages. Liége et Leipzig 1867, in-4°. 80 pl. simples et 40 pl. de double format. (Pl. 10 des dernières manque.)

380 **Van Dijck.** Portraits de Comtesses. 7 pl. in-fol. *Antonius Van Dijck Eques pinxit, P. Lombart sculp.* Londres, s. d., en 1 vol. cart. demi-parch. Belles épreuves noires, av. marges.

381 **Verchère, Jules.** Recueil d'Ameublements. Suite de recueils concernant toutes les Industries du Meuble. 63 pl. in-fol. Paris 1875, dans un emboîtage.

382 **Volkstrachten, Bairische.** Recueil de 15 planches coloriées, pet. in-4°, retouchées au pinceau et collées sur papier velin in-fol. Augsburg, s. d., demi-rel. veau.

383 **Völlinger & Helfreich.** Sammlung gothischer Werke in München u. dessen Umgebung. München, o. D., in-4°, br. 24 Tafeln.

3. Bibles. — Questions religieuses. — Mœurs.

384 **Biblia**, das ist: Die gantze Heilige Schrifft Alten und Neuen Testaments, nach der Uebersetzung . . . D. *Martin Luthers* . . . Ausgefertigt unter der Aufsicht u. Direction *Christoph Matthäi Pfaffen.* Mit 60 grossen Kupfertafeln gezieret, von denen die meisten von *Georg David Nessenthaler* gezeichnet u. gestochen sind. 2 Grossfoliobände. Tübingen 1729. Alte Schweinslederbände mit Holzdeckeln, Kupferverzierungen u. je 2 Schliessen. (Schön erhaltenes Exemplar).

385 **Biblia**, das ist die ganze Heilige Schrift Alten und Neuen Testaments, nach der deutschen Uebersetzung u. mit den Vorreden Dr. Martin Luthers. Auf das neue herausg. von *D. Christoph Matthäi Pfaffen.* Tübingen 1742, kl. 4°, gepresster Schweinslederband mit 2 Schliessen. Mit vielen Kupfertafeln.

386 **Bible, La Sainte.** Traduction nouvelle selon la Vulgate. *Dessins de Gustave Doré*, ornementation du texte par *H. Giacomelli* Tours 1866, 2 vol. gr. in-fol., demi-rel. chagr., plats percal., tranches dorées.

387 **Bible populaire.** Histoire illustrée de l'anc. et du nouveau Testament. Par *l'abbé Drioux.* Paris 1864—1873. 2 vol. in-4°, demi-rel. chagr., tr. dorées.

388 **Fritsch, Ahasver.** Neuvermehrtes Beicht- und Communion-Büchlein . . . In 4 Theil abgefasset, zum 5. mahl gedruckt. Leipzig 1684, in-18 étroit, pleine rel. basane, tr. dorées, av. 2 fermoirs. Titre gravé, 1679.

389 **Leti.** Critique histor., politique, morale, économique et comique sur les Lotteries anc. et modernes . . . Avec des Considérations sur l'ouvrage et sur l'Auteur. Amsterdam 1697, 2 tomes en 1 vol., in-24, pl. rel. veau anc. Av. 2 pl. gravées.

390 **Lourdoueix, de.** Les Folies du Siècle. Roman philosophique. 2e édit. ornée de 7 gravures. Paris 1818, in-8°, cart.

391 **Préservatif** contre le changement de la Religion, ou Idée juste et véritable de la Religion cathol. romaine . . . La Haye, s. d., in-24, pl. rel. veau anc., dos orné.

4. Chasse. — Histoire naturelle.

392 **Aviceptologie française**, ou Traité général de toutes les ruses dont on peut se servir pour prendre les oiseaux qui sont en France. Av. une Collection considérable de figures et de pièges nouveaux propres à différentes Chasses. Par M. B***. Paris, an III, in-18, demi-rel. parch.

393 **Borie, Victor.** Animaux de la Ferme: Espèce bovine. Ouvrage orné de 46 pl. coloriées et de 65 grav. dans le texte. Paris 1863, in-4°, cart. orig.

394 **Botanica. — Manuscrit** : Abrégé d'Histoire naturelle. Arbres — Fleurs — Plantes potagères et médicinales. In-fol., 45 p. de texte et **246 planches dessinées et peintes à la main.** Av. répertoire. Cartonnage demi-parchemin abîmé.

395 **Boulart, Raoul A.** Ornithologie du Salon. Synonymie — Description — Mœurs — Nourriture des oiseaux de volière. Ornée de 75 vignettes et 40 chromotypographies. Paris 1878, gr. in-8°, demi-rel. chagr. rouge orig., plats perc., tr. dorées. (2 exemplaires).

396 **Brehm, A. E.** La Vie des Animaux illustrée. Description populaire du règne animal. Edit. franç., revue par *Z. Gerbe:* Les Mammifères. Paris, s. d., 2 vol. pet. in-fol., cart. demi-perc. Av. nombreuses gravures et planches hors texte.

397 — — Les Oiseaux. Paris, s. d., 2 vol. pet. in-fol., demi-rel. chagr. Av. nombreuses gravures et planches hors texte.

398 **Cordier, F. S.** Les Champignons. Orné de vignettes et de 60 chromolith. 4e édit. Paris 1876, gr. in-8°, demi-rel. parch., non rogné.

399 **Desgraviers, Aug.** Le parfait Chasseur, traité général de toutes les chasses. Paris 1810. 1 vol. in-8°, enrichi de figures, demi-rel. parch.

400 **Jamain, Hippolyte et Eugène Forney.** Les Roses. Histoire — Culture — Description. Av. 60 chromolithogr. et 60 grav. sur bois. 2e édit. Paris 1873, gr. in-8°, demi-rel. parch.

401 **Kurr, Dr. J. G v.** Das Mineralreich in Bildern. Text und 22 color. Tafeln. Stuttg. 1858, pet. in-fol., cart. orig.

402 **Lage de Chaillou, Bon de, A. de La Rue et le Marquis de Cherville.** Nouveau Traité des Chasses à courre et à tir. Paris, s. d 2 vol. in-8°, br. Av. figures dans le texte.

403 **Lereboullet, A.** Zoologie du jeune âge, ou Histoire naturelle des Animaux écrite pour la jeunesse. Av. 32 planches coloriées. Strasb. 1860, in-4°, pl. rel perc orig., fers spéc., tranches dorées.

404 **Lesbazeilles, E.** Tableaux et Scènes de la Vie des Animaux. Illustrés de 20 grandes compositions dess. sur bois par *Jos. Wolf.* Paris 1877, in-4°, pl. rel. perc. rouge ord., fers spéciaux, tr. dorées.

405 **Lucas, H.** Histoire naturelle des Lépidoptères exotiques. Ouvrage orné de 200 fig. color., sur 80 planches, gravées sur acier. Paris 1835, in-8°, demi-rel. veau.

406 — Même ouvrage, nouv. édit., les figures en noir. Paris 1845, in-8°, br.

407 **Muller, Eug.** La Forêt. Son histoire — sa légende — sa vie — son rôle — ses habitants. Av. nombreuses illustrations. Paris 1878. 1 fort vol. gr. in-8°, demi-rel. chagr., plats percal., tr. dorées.

408 **Poitevin, P.** L'Ami du Pêcheur. Traité pratique de la pêche à toutes lignes. Av. 98 grav. et 4 pl. hors texte. Paris 1873, in-8°, demi-rel. chagr.

409 **Rivière, Aug., E. André et E. Roze.** Les Fougères. Choix des espèces les plus remarquables pour la décoration des serres, parcs, jardins et salons . . . Ouvrage orné de 75 planches en chromolith. et de 112 grav. sur bois. Paris 1867, pet. in-fol., demi-rel. parch. (2 exempl.)

410 **Traité des Arbres fruitiers.** Grand ouvrage du 18e siècle, en 2 vol. in-4°, av. nombr. planches gravées par *E. Haussard.* Sans titres et incomplets d'un nombre de pages. **(Ouvrage lacéré lors de l'occupation du Jardin d'Angleterre par les Allemands, en Août et Septembre 1870).** Belles reliures, veau, tr. dorées, dentelles intérieures.

5. Histoire, Mémoires, Biographies, Lettres, etc. Géographie et Voyages.

411 **Blanc, Louis.** Histoire de la Révolution française. Paris, s. d. 4 vol. in-4°, pl. rel. percal. orig , tr. dorées. Ouvrage orné de 600 gravures sur les dessins de *H. de La Charlerie.*

412 **Bossuet, J.-B.** Discours sur l'Histoire universelle. — Oraisons funèbres Paris, Furne, s. d. 1 vol. in-8°, demi-rel. chagr. orig., plats percal., tr. dorées. Av. portrait sur acier d'après *Moreau.*

413 **Bossuet, J.-B.** Discours sur l'Histoire universelle. Précédé d'une notice litt. par M. *Tissot*. Paris, Furne & C°, s. d. 1 vol. gr. in-8°, demi-rel. chagr. orig., plats percal., tr. dorées. Av. portrait d'après *Rigaud* et 10 pl. gravées sur acier.

414 **Boussole nationale**, ou Aventures histori-rustiques de Jaco, surnommé Henri quatrième, laboureur, ... Recueillies par un vrai Patriote. Paris 1790. 3 vol. in-8°, br. Av. titre gravé.

415 **Businger, le Chanoine.** Série des Epoques les plus mémorables de l'Histoire suisse, représentée dans la Galerie des tableaux du pont de la chapelle à Lucerne. Trad. de l'allemand par *Henri de Crousaz*. 3e édit. Lucerne 1859, in-12, br.

416 **Duruy, Victor.** Histoire des Romains depuis les temps les plus reculés jusqu'à l'Invasion des Barbares. Nouv. édit. revue, augmentée et enrichie d'environ 2500 gravures et de 100 cartes ou plans. Paris 1879—80. 2 forts volumes, demi-rel. chagr. orig., plats percal., fers spéc., tr. dorées.

417 **Firmin-Didot, Georges.** La Captivité de Sainte-Hélène, d'après les rapports inédits du Marquis de Montchenu. Av. 8 grav. hors texte. Paris 1894, in-8°, br.

418 **Guizot.** L'Histoire d'Angleterre depuis les temps les plus reculés jusqu'à l'avénement de la Reine Victoria, racontée à mes petits-enfants. Paris 1877/78. 2 vol., tr. gr. in-8°, demi-rel. chagr. rouge orig., plats perc. rouge, fers spéc., tr. dorées. Av. 200 grav. sur bois.

419 — L'Histoire de France depuis les temps les plus reculés jusqu'en 1789, racontée à mes petits-enfants 5 vol. av. 400 grav. sur bois par A. de Neuville, P. Philippoteaux, E. Ronjat, etc. Paris 1873-76, tr. gr. in-8°, demi-rel. chagr. rouge, plats perc. rouge, fers spéc., tr. dorées.

420 **Hézecques, Félix, Comte de France d'.** Souvenirs d'un Page de la Cour de Louis XVI. Nouv. édit. Paris 1895, in-16, br.

421 **Isambert, Gustave.** La Vie à Paris pendant une année de la Révolution (1791-1792). Paris 1896, in-16, br.

422 **La Fayette, Mme de.** La Princesse de Clèves. Ouvrage orné de 4 grav. sur cuivre, *Desenne* del., *Bovinet, Godefroy et Migneret* sculp. Paris 1818, in-24, demi-rel. chagr.

423 **Lescure, M. de.** Les Mères illustres. Etudes morales et portraits d'histoire intime. Orné de 12 grav sur bois. Paris 1882, in-8°, toile rouge orig., fers spéc., tr. dorées.

424 **(Mann, abbé A. T.)** Histoire du Règne de Marie-Thérèse, Impératrice, Reine de Hongrie et de Bohême, etc., etc. Pour servir de suite à l'Abrégé chronol. de l'Histoire d'Allemagne par M. *Pfeffel*. Bruxelles 1781, in-18, demi-rel. basane anc. Av. portr. par *de la Rue*.

425 **Marbot, Bon de.** Mémoires du Général Bon de Marbot. 3 vol. av. 3 héliogravures. Paris 1891, in-8°, demi-rel. chagr. rouge.

426 **Montaut, Henry de.** Voyage au Pays enchanté : Cannes, Nice, Monaco, Menton. Préface par *Arsène Houssaye*. Paris 1880, in-8°, pl. rel. toile bleue, fers spéc., tr. dorées. Av. figures dans le texte et planches hors texte.

427 **Pascal-Estienne, M. W.** Etude historique. Perinaïk, une Bretonne compagne de Jeanne d'Arc. Av. illustrations. 3e édit. Paris 1893, in-18, demi-rel. parch.

428 **Rabutin, Roger de.** Les Lettres de Messire Roger de Rabutin, Comte de Bussy, Lieutenant général des Armées du Roi .... Nouv. édit. av. les réponses. Paris 1697-1698. 4 vol. in-18, demi-rel. veau, tr. jaspées. Av. portrait gravé par *A. de Blois, d'après Le Fébure*.

429 **Saint-Amand, Imbert de.** Les dernières Années de Louis XV (1768-1774). Paris 1876, in-16, br.
430 — La Jeunesse de l'Impératrice Joséphine. Paris 1891, in-16, br.
431 — La Citoyenne Bonaparte. Paris 1892, in-16, br.
432 — La Femme du Premier Consul. Nouv. édit. Paris 1889, in-16, br.
433 — Les dernières Années de l'Impératrice Joséphine. Paris 1884, in-16, br.
434 — Marie-Louise et la Décadence de l'Empire. Paris 1885, in-16, br.
435 — Marie-Amélie et la Cour des Tuileries. Paris 1893, in-16, br.
436 **Schiller, Fr. von.** — *Gedenk-Buch* zu Friedrich von Schiller's 100 jähriger Geburtsfeier, begangen in Frankfurt a. M., den 10. Novbr. 1859. Mit 16 Tafeln, den Festzug darstellend. Nebst Ansicht des Schiller-Denkmals u. des Transparent-Gebäudes. Frankf. a. M. 1860, in-4°, cart.
437 **Sévigné, Madame de.** Lettres. Précédées d'une Notice hist. et littéraire. Paris, Furne & Ce, 1860, gr. in-8°, demi-rel. chagr. orig., plats percal., tr. dorées. Av. portrait sur acier.
438 — Lettres choisies. Précédées d'une Notice par *Grouvelle*, d'Observations litt. par *Suard*, accompagnées de Notes explicatives sur les faits et sur les personnages du temps, ornées d'une Galerie de Portraits hist., dessinés par *Staal* et gravés au burin. Paris, Garnier frères, s. d., tr. gr. in-8°, demi-rel. chagr. rouge orig., plats perc., tr. dorées.
439 **Sitonis, Joanne de, de Scotia.** Saporitæ gentis ex insubribus apud ligures præclaræ genealogicum stemma sum-mariissimum. Genuæ 1725, pet. in-fol., pl. rel. veau, fers spéc. Av. beau titre gravé et une planche généalogique. (Ex. fatigué, la marge des 6 derniers feuillets trouée, la planche déchirée).
440 **Stanley, Henri M.** Comment j'ai retrouvé Livingstone. Voyages, aventures et découvertes dans le Centre de l'Afrique. Trad. de l'Anglais par *Mme H. Loreau.* Contenant 60 grav. et 6 cartes. 2e édit. Paris 1876, gr. in-8°, demi-rel. parch.
441 — Dans les Ténèbres de l'Afrique Recherche, délivrance et retraite d'Emin Pacha. Trad. de l'anglais. Contenant 150 grav. et 3 cartes. 2e édit. Paris 1890. 2 vol. gr. in-8°, demi-rel. parch.
442 **Theil, N.** Dictionnaire de Biographie, Mythologie, Géographie anciennes. Accompagné de près de 1000 grav. d'après l'Antique. Traduit, en grande partie, de l'anglais du *Dr Smith.* Paris 1865, in-12, demi-rel. chagr., av. coins, tr. marbrées.
443 **Vedute di Roma.** Album in-fol. obl., avec 32 photogr. montées sur carton blanc. Pleine rel. perc.
444 **Vétault, Alphonse.** Charlemagne. Introduction par *Léon Gautier.* Av. gravures et planches, dont quelques-unes en couleurs. Tours 1877, pet. in-fol., demi-rel. chagr. rouge orig., plats percal., fers spéciaux, tr. dorées.
445 **Wiesener, Louis.** La Jeunesse d'Elisabeth d'Angleterre (1533-1558). Paris 1878, in-8°, demi-rel. chagr., av. coins, tête dorée.

6. Littérature.

(Littérature galante. — Classiques. — Ouvrages pour la Jeunesse)

446 **Affe, Der 42 jährige.** Ein ganz vermaledeites Mährchen. Aus dem Französischen. Mit kleinem Titelbild. Berlin 1784, in-18, demi-rel., parch.
447 **Boccace.** Contes. Traduction de *Sabatier de Castres*, illustrations de *H. Baron, Tony Johannot, Grandville, Karl Girardet*, etc. Paris 1869, gr. in-8°, demi-rel. chagr.

448 **Boileau, N.** Œuvres complètes. Nouv. édit. ill., par *E. Bayard*, de magnifiques dessins coloriés. Paris, Laplace-Sanchez, 1873, gr. in-8°, demi-rel. chagr. orig., plats percal., tr. dorées.
449 **Chevigné, le Cte Louis de.** Les Contes rémois. Dessins de *E Meissonier*. 5e édition. Paris 1861, in-8°, demi-rel. chagr., plats percal., tr. dorées.
450 **Corneille, Pierre.** Œuvres. Av. notice sur sa vie et ses ouvrages par *Fontenelle*. Paris, Furne 1857, in-8°, demi-rel. chagr., plats percal., tr. dorées. Av. portrait et 11 planches gravées sur acier. (2 exempl.)
451 **Godefroy, Frédéric.** Histoire de la Littérature française depuis le 16e siècle jusqu'à nos jours. 2e édit. Paris 1878—79. 9 vol. gr. in-8°, br. (Un 10e vol.: XIXe siècle, Prosateurs T. II, manque).
452 **Hauff, Wilhelm.** Sämmtliche Werke, mit des Dichters Leben von *Gustav Schwab*. 11. Ausg. mit dem Portr. des Dichters. Stuttg. 1865—66. 5 vol. in-18, rel. toile rouge orig.
453 — Lichtenstein. Romantische Sage aus der württemberg. Geschichte. 9. Aufl., mit 2 Stahlstichen u. 47 Holzschnitt-Illustrationen. Stuttg. 1858, in-18, rel. toile rouge orig.
454 **Heine, Heinrich.** Sämmtliche Werke. Rechtmässige Orig.-Ausg. 20 Bde. in 10 Bdn. geb. Hamburg 1861—63, in-16, demi-rel. chagr. orig.
455 **Je ne sçais quoi**, par Je ne sçais qui. Prix: Je ne sçais combien. Imprimé, je ne sçais quand; se vend, je ne sçais où. Chez Je ne sçais qui est-ce. 1780, in-18, cart.
456 **Labiche, Eugène.** Théâtre complet. Av. une préface par *Emile Augier*. Paris 1879. 10 vol. in-16, demi-rel. chagr. rouge.
457 **Mercier.** Mon Bonnet de Nuit. Neuchâtel 1784 à 1785. 4 vol. in-12, demi-rel. veau, tr. rouges.
458 **Messie, Pierre.** Les diverses Leçons de Pierre Messie, Gentil-homme de Sevile. Mises de castillan en français, par *Claude Gruget* Parisien. Revue de nouveau en cette dern. édit. Rouen 1643, in-16, pl. rel. parch. anc.
459 **Mille et une Nuits, Les.** Contes arabes, traduits par *Galland*. Illustrations de *Gavarni* et *Wattier*. Paris, s. d. 1 fort vol. gr. in-8°, demi-rel. chagr. rouge orig., plats percal., tr. dorées.
460 **Molière.** Œuvres complètes. Av. Notice sur sa vie par *Auger*. Vignettes d'après *Horace Vernet*, *Hersent*, *Johannot*, *etc.* Paris 1851. 1 fort vol. gr. in-8°, demi-rel. chagr. (Taches de rouille).
461 **Peignot, Gabriel.** Manuel du Bibliophile, ou Traité du choix des livres. Dijon 1823. 2 vol. in-8°, demi-rel. chagr.
462 **Predigten zum Todtlachen.** Allen Hypochondristen und Grillenfängern zur Erheiterung empfohlen von einem lustigen Bruder. Konstantinopel 1817, in-18, demi-rel. parch.
463 **Töpffer, Rodolphe.** Le Presbytère. Nouv. édit. Paris 1874, in-16, demi-rel. maroq. rouge, av. coins, tête dorée.
464 **Witt, Mme de, née Guizot.** Lutin et Démon. — A la Rescousse. — De Glaçons en Glaçons. Scènes historiques. 3e série. Ouvrage ill. de 56 vignettes sur bois. Paris 1882, gr. in-8°, demi-rel. chagr. rouge.
465 **Zschokke, Heinrich.** Gesammelte Schriften. 2. verm. Ausg. Aarau 1859—1861. 17 Theile in 8 Halbfranzbde. geb.

7. Dictionnaires. — Encyclopédies. — Journaux illustrés.

466 **Art (L').** Revue hebdomadaire illustrée. T. I et II. Paris 1875, 2 vol. in-fol., toile rouge orig. Richement illustrée, les planches hors texte gravées à l'eau-forte.

467 **Art (L') pour tous.** Encyclopédie de l'Art industriel et décoratif. *Emile Reiber*, Directeur-Fondateur. Paris 1861 à 1895, 1re à 34e année, 1er semestre. 34 vol. in-fol., cart. et en numéros, av. 3464 grandes planches suivies d'un texte explicatif.

468 **Dictionnaire de la Conversation** et de la Lecture. Par une Société de Savants et de Gens de Lettres, sous la direction de *W. Duckett*. 2e édit. entièrement refondue. Paris 1861 à 1863. 16 vol. gr. in-8o, demi-rel. chagr.

469 **Dictionnaire des Portraits historiques.** Anecdotes et traits remarquables des hommes illustres. Paris 1768. 3 vol. in-18, pleine rel. veau anc., dos ornés, tr. rouges.

470 **Diderot et d'Alembert.** Encyclopédie, ou Dictionnaire raisonné des Sciences, des Arts et des Métiers, par une Société de gens de lettres. Paris 1751 à 1772. 28 vol., in-fol., dont 17 de texte et 11 de planches; puis 5 volumes supplémentaires (1776 à 1777) — dont 1 de planches — et 2 volumes de tables analytique et raisonnée des matières. En tout 35 vol. cart., non rognés.

471 **Gazette des Beaux-Arts.** 2e période, T. XI à XIV et XIX à XXII. (Années 1875, 1876, 1879 et 1880). Paris, gr. in-8o, en livr. brochées.

472 **Illustration (L').** Journal universel. T. 1 à 84, abondamment illustrés. (Incomplet des T. 15 (1850[1]), 17 (1851[1]) et 55 (1870[1]). Paris 1843 à 1884, demi-rel. chagr., tr. dorées. Reliures uniformes.

473 **Magasin pittoresque (Le)**, 14e à 43e années. Paris 1846 à 1875. Av. nombr. illustr. sur bois. 30 vol. pet. in-fol., demi-rel. veau.

474 **Moniteur (Le) de l'Ameublement.** Journal des modes du comfort. *A. Sanguinetti*, Directeur. 2e à 6e années, av. 160 planches. Paris 1864 à 1868, gr. in-8o, av. emboîtages. (Il y manque les textes de 1864, de Sept. 1865, de Janv. à Avril 1867, et les planches 104, 107, 144, 165 et 186).

475 **Tour du Monde (Le).** Nouveau Journal des Voyages, publ. sous la direction de M. *Edouard Charton*, et illustré par nos plus célèbres artistes. 1re année 1860 à 1880. Paris, 41 vol. in-4o, pl. rel. toile rouge.

---

476 **Un lot** de doubles et d'ouvrages incomplets.

C. GRAVURES ALSATIQUES.

477 **Cartes. — 1576.** — *Speckel, D.* Karte des Elsass. Strassb. 1576. Gr. in-fol. obl., en noir, coupée en 3 feuilles in-4o, montées sur toiles et pliées in-16.

478 — **1689.** — *De Fer, N.* Les Frontières de France et d'Allemagne, dessus et aux environs du Rhein, de la Meuse, de la Moselle et de la Sarre. 4e édit. Paris 1689. 3 feuilles, tr. gr. in-fol., montées sur une seule toile. Belle pièce av. cartouches (plans de villes et portraits) et ornements allégoriques qui servent de bordure à l'ensemble de la carte, et un texte descriptif, en français, des deux côtés. (Quelques trous le long des plis).

479 — **vers 1700** — *Homann, Joh. Baptista* Landgraviatus Alsatiæ tam Superioris quam Inferioris . . . . Carte col. Noribergæ, s. d., tr. gr. in-fol., à petites marges.

480 — **1727.** — *Fridrich, Jac. Andr. sc.* Carte de la Haute et Basse Alsace, Suntgaw, Brisgaw, Ortenaw . . . . Dressées sur les mémoires les plus récens à Strasb., chez J. R. Doulseker, 1727. 97/37 cm, en noir, non entoilée. A toutes marges.

481 **Cartes. — 1745.** — *Le Rouge.* Le Cours du Rhin de Bâle à Hert près Philisbourg, en 5 feuilles, contenant l'Alsace et partie du Brisgau. Paris 1745. 5 feuilles gr. in-fol., en noir, montées sur toiles et pliées in-16.

482 — **Hanau-Lichtenberg. — 1794.** — *Müller, Joh. Jac.* Die Grafschaft Hanau-Lichtenberg mit dem Departement Nieder Elsas. Gez. u. gest. von Joh. Jac. Müller in Hanau 1794. Mit Colorit. Gr.-4°, unaufgezogen. (Sehr selten).

483 — **Messtischblätter, 1 : 25000.** — 6 feuilles non montées (Molsheim, Geispolsheim, Strassburg, Schirmeck, Erstein et Barr).

484 — **Plans manuscrits.** 4 feuilles non montées, in-fol. obl.

1) Plan de la Forêt de Rathsamhausen.
2) Arpentage et Abonnement d'une Cense, dite La Soutte, située dans les forêts communales de la ville d'Obernay. Plan dressé par *Vautrinot*, le 11 sept. 1824.
3) Plan du domaine de Sainte-Odile. Dressé par *Held*, géomètre-arpenteur, le 8 décbr. 1852.
4) Plan de la Forêt de Rathsamhausen, branche protestante, sise au ban d'Ottrott, appartenant à M. Rohmer d'Illkirch, et M. Wæber de Saverne. Levé à Ottrott, par *Kœssler*, arpenteur à Illkirch, le 20 août 1829.

485 **Dessins originaux.** — *Brion.* Croquis, à l'encre de Chine, représentant le Christ endormi dans une barque au moment d'une grande tempête. Ses disciples s'approchent de lui pour le réveiller en s'exclamant : Seigneur sauve, nous périssons. Non signé, mais portant le cachet de la Vente Brion. In-8° obl., monté sur carton bleuâtre tr. gr. in-fol.

486 — *Granger, J.* Dessins orig. coloriés, in-8°, montés sur cartons in-fol. :

a) Le Ban de la Roche, près Rothau.
b) Châtenois (Eglise).
c) Dierstein (Château).
d) Girsberg (Château).
e) Haut-Kœnigsbourg (Château).
f) Kintzheim, près Schlestadt (Château). 2 vues.
g) Lac Blanc.
h) Mennelstein, près d'Andlau.
i) Mur Payen au Mont Sainte-Odile.
k) Ortenberg et Ramstein.
l) Sainte-Odile (Couvent).

487 — *Inconnu.* Château de Girsberg. Chemin entre St-Ulric et Girsberg. Dessin orig. col., pet. in-fol., av. passe-partout.

488 — *Schuler, Th.* Forêt entre la Rothlach et Schweighæuser. Monogr., 1860. Gr. in-fol. obl., petites déchirures.

489 **Enzheim.** — *Bataille d'Ensheim*, près Strasbourg, gaignée par l'Armée du Roy, commandée par le Vicomte de Turenne, sur les Armées Impériale et Confédérées, commandées par les Ducs de Bournonville et de Lorraine, le 4e Octobre 1674. *DR inv. del., F. Ersinger sculp., C. Berey scrip.* A Paris chez l'Autheur. Superbe planche gravée, tr. gr. in-fol. obl., à toutes marges.

490 **Frontispices et Titres d'ouvrages illustrés.** — 4 planches.

491 **Helje.** — Strosburjer Helje n° 2. — Nâûelnéji Strosburjer Helje, n° 3, col. — Meiselocker's Helje n° 9. — Strosburjer Bilder nos 20, 21, 53 et 82. — Planche relative aux pompiers, extraite du Mirliton.

492 **Lutzelbourg et Rathsamhausen.** — Photographie des deux Châteaux vus du côté de la maison forestière.

493 **Mulhouse.** — 2 Lithographies (Charles X à l'exposition des produits industriels, *Chapuy del.*, lith de Engelmann. — Instruction d'un Procès criminel, tirée du Supplt. au « *Baquol*, l'Alsace anc. et mod. »)

494 **Parchemins.** — 11 Lettres de Chartes datées (1466, 1491, 1532, 1563, 1586, 1621, 1624, 1632, 1636 et 1752).
495 **Portraits.** — **Kleber, J. B.** Dessin orig. au fusain, rehaussé de blanc. Pet. in-fol.
496 — **Rapp** (le Général). Figure entière, une bataille au fond. *Aubry pinx. 1805, Charon sculpsit.* In-fol., sans marges.
497 **Strasbourg.** — 4 vues extraites de « *Piton*, Strasbourg illustré » — 1 pl. de Costumes tirée du Supplément au « *Baquol*, l'Alsace anc. et mod » — 2 pl. de la petite édition des « Fêtes de Gutemberg ».
498 — **Bombardement de Strasbourg.** Lithogr. teintée de la collection « Faits historiques de l'Alsace ». Gr. in-fol. obl.
499 — **Cathédrale.** Vieille gravure d'*Isaac Brunn* de 1615, avec les boutiques. *A. Allart excudit.* Légende rimée en 76 vers allemands. (Tirage très noir, quelques déchirures).
500 — — Vue de la Cathédrale de Strasbourg. *Goblain del.*, *Baugean sculp.* In-8°, à t utes marges.
501 — **Fêtes.** — **1848** — La France et l'Alsace. Planche commémorative en Souvenir des Fêtes du 22, 23 et 24 oct. 1848 . . . à l'occasion du 2e anniversaire séculaire de la Réunion de l'Alsace à la France. Lith. coloriée d'E. Simon. In-fol. obl., à gr. marges.
502 — **Gesellenbrief** des Ehrsamen Handwercks derer Französischen Schreiner in der Stadt Strassburg. Mit Wappen, Verzierungen u. A sicht von Strassburg. *Joh. Striedbeck del. et sculp. Argentorati 1763.* Querfolio, ohne Rand
503 — **Panorama de Strasbourg** et de ses environs. 1852. *Lith. par Th. Müller, d'après le dessin de F. Piton.* (Pl. 1). A courtes marges.
504 — **Salle de Spectacle.** Petite gravure sur acier d'E. Simon, montée sur papier in-8°.
505 **Vues d'Alsace.** — *Bruin et Hogenberg.* 4 vues, gr. in-8° obl., sur 1 feuille in-fol. Sans marges. (Wissembourg, Rouffach, Colmar et Bade-Suisse).
506 — Kappelthurm in Oberehnheim. Dess. p. *W. Müller*, lith. par *J. Woelfelé.* In-fol.
507 — 4 vues tirées de « *Rothmüller*, Vues pittoresques ». (Châteaux de Judenbourg et de Landskron, Eglises d'Ottmarsheim et de St-Dixier).
508 — 6 vues coloriées tirées de « *Walter*, Vues pittoresques de l'Alsace ». (Du Bölgen — Escheri — Guemar — Kiensheim — Munster (rognée) — Murbach).
509 **Wœlfelé, Laurent.** — Monument élevé sur la tombe de feu M. Laurent Wœlfelé, né à Benfeld en 1789, décédé à Obernai en 1861. Gr. in-fol., av, marges.

D. GRAVURES NON ALSATIQUES.

510 **Archéologie.** — 5 planches gr. in-fol., av. 7 vues de Temples romains et de Maisons découvertes à Pompéi. Dessinées par *Des Prés* et gravées par *Denys, Duparc, Racine, Schmitz, etc.*
511 **Art industriel.** — 17 planches et découpures gravées sur cuivre.
512 **Augsburg.** — Einzug der Röm. Kays. . . . May. / In dero dess H. Reichsstatt Augspurg / den 20. May Anno 1653. Was sich von dato / biss auff dero Abraiss / . . . denkwürdiges begeben vnd sich verloffen. Grossfolioblatt : Oben Festzug, in der Mitte vier weitere kleinere Darstellungen der Festlichkeiten, unten längerer Text auf 4 Spalten. Offeriert und dediciert von *Martin Zimmermann* / Burger vnd Kunstführer in Augspurg. Der vielen Trachten wegen besonders interessant und wertvoll. (Auf Pappe aufgezogenes Exempl. ; in der Mitte durch Bruch ziemlich beschädigt).

513 **Caricatures et Scènes humoristiques.** — 7 pièces diverses

514 **Cartes géographiques.** — *Mappa geographica* continens Ducatum Mantuanum Belle planche gravée par *Gabriel Bodenehr 1734*, avec figures au bas de la planche.

515 — Cinq cartes anciennes coloriées :

1) **Autriche** : Germania Austriaca. Auctore *Jo. Bapt. Homann.*

2) **Champagne** : Tabula geographica Campaniæ. Auctor *Joh. Bapt. Homanni hærede*. Av. deux vues de ville.

3) **Corse** : Corsica Av. lég. lat., sans auteur.

4) **Suède** : Regni Sueciæ. Edita *Joh. Bapt. Homanno*.

5) **Suisse** : Carte générale de la Suisse . . . dressée en 1799 par *Chrétien de Mechel.*

516 **Cartes historiques.** — *Ein Theil des Hundsrucks* mit den angrænzenden Maynz- und Trierischen Ländern in IV Sectionen, worinen die Marche u. Lager der Kays. u. Reichs-Armee unter Commando des . . . Grafen von Seckendorf . . . angezeiget. In Verlag gegeben an die *Homannisch : Erben*. 4 Blatt in-fol., auf Leinen aufgezogen, color.

517 **Costumes militaires et civils.** — 12 pièces, petits et grands formats.

518 **Dessin original au crayon**, rehaussé de blanc, représentant quatre joueurs autour d'une table dans un intérieur flamand ou breton. Tr. gr in-fol. obl.

519 **Dessins originaux.** — 4 planches, figures entières, dessins au crayon rehaussés de couleur.

520 **Divers.** — Un lot de 50 estampes environ, grands et petits formats.

521 **Eaux-Fortes.** — 8 eaux-fortes des années 1842 et 44, pet. in-32, gravées par *Ch. Jacque*, Impr. Delâtre. A très grandes marges.

522 **Eaux-Fortes et Gravures sur cuivre.** — 20 pièces diverses.

523 **École de Cavalerie.** — 14 planches in-16, finement gravées, avec 22 figures, tirées d'un ouvrage du 18e siècle. *Parrocel inv., B. Audran, Beauvais, L. Desplaces et Dheulland* sculps.

524 **Frankfurt a. M.** — Krönung Ihro Römischen Kayserlichen Mayestät Caroli VI . . . den 22. December 1711 (2 Blatt Querfolio). — Huldigung welche Ihro Röm. Kays. Mayt. den 9. January 1712 von denen Inwohnern der . . . Stadt Franckfurth . . . angenomen. (2 Blatt Querfolio). *Jos : à Montalegre fc.* (Schöne schwarze Abdrücke).

525 — Der Römisch-Kaiserlichen Majestät respective würklich Hochansehnlichen Herren Räthen, Denen . . . Herren Schultheiss, Bürgermeistern, Schöffen und Rath der . . . Stadt Frankfurt am Mayn, **Wappen-Calender** auf das Jahr . . . 1802. Mit 50 Wappenbildern und Ansicht von Frankfurt. Doppel-Folioformat. (Etwas eingerissen).

526 **Genre Epoque Louis XVIII.** — 20 gravures des années 1820 environ, en partie coloriées.

527 **Gravures anciennes.** — 2 gravures au trait, tr. gr. in-fol. obl.

1) Tscercassische Waare : Mädchenhandel, Untersuchung der Waare. *J. H. Rmbg. inv. et fecit 1799.*

2) Les Lunettes. Conte de La Fontaine.

« Jadis s'était introduit un blondin
« Chez les nonnains, à titre de fillette.
« Il n'avait pas quinze ans . . . . »

Planche non signée.

528 **Gravures anciennes.** — Un lot de 14 feuilles gr. in-8° et pet. in-fol.

529 — Un lot de 20 pièces, dont la plupart du 18e siècle, signées (*Boquet, Le Barbier, Moreau, Couché, etc.*) Petits et grands formats.

530 **Gravures coloriées.** — 14 pièces, petits et grands formats. Quelques-unes du 18e siècle.

531 **Gravures sur bois.** — 6 pièces tirées d'ouvrages anciens.

532 **Mythologie.** — Collection de 59 planches in-4° de sculptures antiques, tant grecques que romaines, trouvées dans les ruines du Palais de Néron et dans celles du Palais de Marius. *L. S. Adam del.*, *A. Fonbonne, P. F. Tardieu, etc.* sculps.
533 **Numismatique.** — 11 planches finement gravées, tirées d'un ouvrage numismatique du 18e siècle. Av. encadrements allégoriques.
534 **Petit Aethera**, Romæ 1591. *M(ichel) Ang(elo).* B. pinxit in Vaticano. Belle planche très noire, in-fol., sans marges.
535 **Petites gravures.** — Un lot de 22 pièces gravées, de tout petit format.
536 — Un lot de 21 pièces, bois et cuivres, de petit format.
537 **Portraits.** — Environ 70 planches in-8° et plus grandes, tirées d'ouvrages ou publiées séparément.
538 — 56 planches tirées de « Larmessin, Les Augustes Représentations de tous les Roys de France ». Paris 1688, pet. in-fol.
539 — Veræ effigies omnium usque ad hanc diem Rom. Pontificum . . . 256 portraits gravés de tous les papes du 1er au 18e siècle, en petits médaillons ronds, sur 1 feuille tr. gr. in-fol. obl.
540 — 29 gravures anciennes de Médecins et Professeurs de Médecine allemands. Sur bois, in-64.
541 — 7 portraits in-4°, av. encadrement oval, sur socle, gravés par *E. Beisson, N. Thomas, Vangelisti* et *Voyez Major.* Av. marges.
542 **Randzeichnungen nach der Natur** zum Freyheitslied im Helvetischen Revolutions-Almanach für 1799. 8 petites vignettes gravées sur 2 feuilles gr. in-8°, à gr. marges.
543 **Sujets bibliques.** — 8 gravures anciennes tr. gr. in-fol. et pet. in-fol.
544 **Sujets religieux.** — Le Jugement dernier. 4 gravures anciennes, tr. gr. in-fol. obl.
545 **Van Dijck, Ant.** Le Joueur de Musette. *P. G. Langlois sculps.* A Paris chez L. Avenin In-fol., à gr. marges. (Planche en partie jaunie).
546 **Vues.** — 39 feuilles gravées de Maisons religieuses et de Châteaux (France). In-16, sans marges.
547 — Trophæa Augusti Dessin original colorié, in-fol.
548 **Vues diverses.** — 9 feuilles gr. in-8° obl., la plupart gravées sur cuivre.

549 Petites Gravures du XVIIIe Siècle.

Collection de 2000 planches environ, montées d'une manière uniforme sur papier blanc in-8°, avec encadrements à la plume, rehaussés d'or et de couleur, et renfermées dans 18 boîtes genre reliure.

Collection superbe d'une conservation irréprochable.

Ce numéro sera vendu en petits lots sans offre sérieuse pour l'ensemble.

SUPPLÉMENT

(ALSATIQUES, BEAUX-ARTS, VOYAGES, ETC.)

550 **Allais, Ch. de Beaurepaire, Dubosc, etc.** Rouen pittoresque. **Avec quarante dessins (hors texte) par Maxime Lalanne.** Rouen 1886, gr. in-8°, demi-rel. verte, tête dorée.
551 **Almanach de Gotha.** Annuaire diplomat., généalog. et statist. Années 1861, 1863, 1870, 1871, 1883 et 1888. Gotha, in-24, cart. toile orig.
552 **Alpenrosen.** Ein Schweizer Taschenbuch auf d. Jahr 1828. Herausgeg. v. *Kuhn, Wyss u. a.* **Avec illustr.** Bern 1828, in-24, cart. orig.
553 **Artistes célèbres (Les).** — a) *Müntz,* Donatello. — b) *Delaborde,* Gérard Edelinck. — c) *Dargenty, G.,* Le Baron Gros. — d) *Alexandre, A.,* A. L. Barye. — e) *Clément, Ch.,* Decamps. — **Avec nombreuses gravures.** Reliés en 1 vol. Paris s. d., gr. in-8°, demi-rel. chagrin.
554 **Aufschlager, Joh. Friedr.** Das Elsass. Neue hist.-topogr. Beschreibung d. beiden Rheindepartemente. **Mit 9 Abbildungen, 2 Landkarten und 1 Plane.** Strassb. 1825—1828. 2 Bde., cart.
555 **Baker, Samuel White.** Der Albert Nyanza, das grosse Becken des Nil, und die Erforschung der Nilquellen. Aus dem Englischen von *J. E. A. Martin.* **Nebst 34 Illustrationen und 2 Karten.** Jena 1867. 2 Bde. in-8°, demi-rel. veau.
556 (**Barthélemy, A. de**). Armorial de la généralité d'Alsace. Recueil officiel dressé par les ordres de Louis XIV et publié pour la première fois. Paris 1861, in-8°, XI – 449 p., br. (Epuisé et rare).
557 **Beaumont, Ed. de, Biais, Th., Bonnaffé, Edm.,** etc., etc. Exposition universelle de 1878. Les Beaux-Arts et les Arts décoratifs. Sous la Direction de M. *Louis Gonse.* Paris 1879. 2 vol. gr. in-8°, demi-rel. amat., coins, têtes dorées. **Av. gravures et eaux-fortes.**
558 **Biblia,** das ist: Die gantze Heilige Schrifft, dess Alten und Neuen Testaments, wie solche von Herrn *Doctor Martin Luther* seel. im Jahr Christi 1522 . . . zu übersetzen angefangen . . . Anjetzt **mit gantz neuen und schönen Kupfer-Bildnissen** nebst derenselben beygedruckten Lebens-Läufen, auch andern annehmlichen Figuren . . . ausgezieret . . . Samt einer Vorrede Herrn *Joh. Mich. Dilherrns.* Nürnberg 1729. Gr. Fol., Ganzlederband mit Holzdeckeln, Kupferverzierungen u. 2 Schliessen. (Am Rücken etwas beschädigt).
559 **Blech, Ernest.** Tableaux généalogiques de la Famille Blech, 1390—1898. Av. collaboration de *E. Meininger.* Mulhouse 1898, in-4°, br. (n° 192). **Av. 2 planches.**
560 **Bonnet, C.** Contemplation de la Nature. 2 vol. Amsterdam 1766, in-24, demi-rel. bas. **Av. 2 ex-libris Joh. Spœrlin.**
561 **Bouilly, J. N.** Les Encouragemens de la Jeunesse. 2 vol. in-24, **av. 16 planches et 2 titres gravés.** Paris, s. d., demi-rel. veau.
562 **Bouteiller, E. de, et Hepp, Eug.** Correspondance polit. adressée au Magistrat de Strasbourg par ses agents à Metz (1594—1683). Paris 1882, gr. in-8°, XVIII—464 p., br.

563 **Buffon.** Oeuvres complètes Av. la nomenclature linnéenne et la classification de *Cuvier*, et annotées par M. *Flourens.* 12 vol. **av. grand nombre de planches col.** Paris s. d, gr. in-8°, demi-rel. chagrin orig., tranches dorées

564 **Bulletin de la Société Belfortaine d'Emulation.** 3e année, 1875—1876. Belfort 1877, gr. in-8°, br. **Av. 2 planches.**

565 **Bulletin de la Société d'histoire naturelle de Colmar** Années 1 à 15 et 18 à 23. Colmar 1860—1863. En 13 vol. brochés.

566 **Bulletin de la Société pour la conservation des monuments historiques d'Alsace.** 2e série, T. 1 à 5, 6¹, 7¹, 8 à 12, 13², 14¹. Strasb. 1863 à 1889, en livraisons.

567 **Burty, Philippe.** Chefs d'œuvre des Arts industriels. — Céramique. — Verrerie et vitraux. — Emaux. — Métaux. — Orfèvrerie et Bijouterie. — Tapisserie. **Avec 200 gravures.** Paris 1866, gr. in-8°, demi-rel. veau ord.

568 **Choix de Lecture pour les dames,** ou Morceaux choisis des meilleurs écrivains des deux siècles derniers. **Avec gravures par Villerey.** Paris s. d., in-32, cart., tranches dorées, avec étui.

569 **Closener, Fritsche.** Strassburgische Chronik. Stuttgart 1842, in-8°, XV—127 p., demi-rel chagr.

570 **Condillac (E. B. de).** Oeuvres. Revues, corrigées . . . et augmentées. Paris 1798. 23 vol. in-12, demi-rel. basane, tr. jaunes. **Av. portr. au pointillé par P. Duval, A. Clément sculp.**

571 **Curiosités d'Alsace,** publ par *Ch. Bartholdi.* 1re année, nos 1 et 2. Colmar 1861. 2 livr. gr in-8°. Av planches.

572 **Description du Département du Bas-Rhin,** publ. av. le concours du Conseil gén. sous les auspices de *M. Migneret,* Préfet. T. I à IV¹, reliés en 3 vol. dem.-rel. chagr. Strasb. 1858—1871, in-8°. (Ouvrage non terminé).

573 **Dollfus, Max.** Histoire et Généalogie de la Famille Dollfus de Mulhouse. 1450—1908. **Av. 66 pl. en phototypie, 4 pl. d'armoiries et la reproduction des lettres de noblesse** accordées à Jean-Henri Dollfus de Volckersberg. Mulhouse 1909. 1 gros vol. in-4°, br.

574 **Ducrot, le Général.** La Défense de Paris (1870—1871). Av. 94 cartes en couleur. Paris 1875—1877. 3 vol gr. in-8°, br.

575 **Dufrenoy, Mme.** Elégies, suivies de Poésies diverses. 3e édit. Paris 1813, in-18, demi-rel. basane. **Av. frontispice et titre gravés, Chasselat inv., N. Courbe sculp.**

576 **Fénélon.** Les Aventures de Télémaque, fils d'Ulysse. Paris 1795. 4 vol. in-24, pl. rel. veau du temps. **Av. 4 figures, Binet del., Blanchard sc.**

577 **France militaire.** 4 vol. gr. in-8°, sans titres, **av. 700 planches gravées, signées par Boullemier, Buttura, Couché, Lacauchie, Martinet, Masson, Réville et autres.** Pleine rel. toile bleue.

578 **France pittoresque.** 2 vol. gr. in-8°, sans titres, **avec 240 planches gravées, signées par Buttura, Chamoin, Couché, Doussan, Dubois. Duc, Fleury, Fortier, Lacauchie, Monin et autres.** Pleine rel. toile bleue.

579 **Freschwiller (De) à Sedan.** Journal d'un officier du 1er corps. Tours, Novbr. 1870, in-18. br.

580 **Frik, Elias.** Ausführliche Beschreibung von dem Anfang, Fortgang, der Vollendung und Beschaffenheit des herrlichen u. prächtigen **Münster-Gebäudes zu Ulm.** Vermehrt u. verbessert herausg. v. *Gotthard Haffner.* **Mit 5 grossen Kupfern.** Ulm 1766, kl. 4°, cart.

581 **Gottfrid, Joh. Ludov.** Historische Chronica, oder Beschreibung der fürnemsten Geschichten/ so sich von Anfang der Welt/ biss auff das Jahr Christi 1619 zugetragen... **Mit viel schönen Contrafaicturen/ und Geschichtmässigen (kleinen) Kupffer-Stücken/** zur Lust u. Anweisung der Historien/ geziehret/ durch **Matthæum Merianum.** Auffs neue getruckt im Jahr nach Chr. Geb. 1710. — Ferner: II. Theil, 1745 u III. Theil, 1759, beide **mit grossen Merian'schen Kupfertafeln** — Zusammen 3 Bde. in-fol., in Ganzlederbänden. (Gebrauchsspuren).

582 **Guerber, V.** Essai sur les Vitraux de la Cathédrale de Strasbourg. Strasb. 1848, in-8°, VII-124 p., br. **Av. 4 pl. col.**

583 **Hanauer, A.** (abbé). Les Constitutions des Campagnes de l'Alsace au Moyen-Age. Recueil de documents inédits. Strasb. 1864. 1 vol. in-8°, br.

584 **Heine, Wilhelm.** Die Expedition in die Seen von China, Japan und Ochotsk unter Commando von Commodore Colin Ringgold und Commodore John Rodgers, im Auftrage der Regierung der Vereinigten Staaten, unternommen in d. Jahren 1853 bis 1858. 2 Bde. in 1 Bd. geb. **Mit Ansichten, Portraits und Karten.** Leipzig 1858—59, gr. in-8°, demi-rel. chagrin, plats percaline.

585 **Histoire du 4e Régiment de Cuirassiers,** 1643—1897 Paris 1897. 2 vol. in-4°, br. **Av. gravures en noir et 57 planches coloriées.**

586 **Histoire philosophique et politique** des établissements et du commerce des Européens dans les deux Indes. 7 vol. in-8°. La Haye 1774. **Avec 7 frontispices par C. Eisen, gravés par Helman, Née, de Longueil et autres.** — Analyse de cet ouvrage, en 1 vol. in-8°. Amsterdam 1775. — En tout 8 vol., en demi-rel. veau.

587 **Hoffweiler, G. F. von.** Sicilien Schilderungen aus Gegenwart und Vergangenheit. **Mit 36 Originalzeichnungen v. Alfred Metzener.** Leipz. 1870, in-4°, demi-rel. chagrin, av. coins.

588 **Hübner, Julius.** Bilder-Brevier der Dresdner Gallerie. **Mit 25 Orig.-Radirungen von H. Bürkner u. A.** 2 Aufl., 2 Tle. in 1 Bd. Orig. Leinenbd.

589 **Jouy, de.** L'Hermite en province. Tome XIe: Alsace et Lorraine. Paris 1826, in-16, 433 p., br. **Av. quelques gravures.** (**Pages 277 à 366: Ban-de-la-Roche. Le Pasteur Oberlin**).

590 **Labram, J. D, und Dr. J Hegetschweiler.** Schweizerpflanzen. Nach den Systemen Linné's, de Candolle's und Bartling's geordnet. **1 boîte renfermant 7 emboîtages, av. 479 pl. col. et 1 vol. de texte.** Zürich s. d., in-18.

591 **Landon, C. P.** Vie et Œuvres des peintres les plus célèbres de toutes les écoles; Recueil classique, contenant l'Œuvre complète des Peintres du premier rang. — **Suite de l'Œuvre du Poussin** (3e livraison). **Av. 56 pl. gravées au trait.** Paris 1803, in-4°, demi-rel. ancienne.

592 **Lavater, Gaspard.** L'Art de connaître les Hommes par la Physionomie. Nouv. édit... par M. *Moreau.* **Ornée de plus de 600 gravures, dont 82 coloriées et exécutées sous l'inspection de M. Vincent.** Paris 1820 10 vol. in-8°, cart., non rognes.

593 **Lavisse, Ernest.** La Question d'Alsace dans une âme d'Alsacien. (Extr. de la *Rev. de Famille*). Paris 1891, in-18, VII—52 p., br.

594 **Lehr, Ernest.** Les dynastes de Geroldseck-ès-Vosges. Etude historique et généalogique (Extr. du *Bull. de la Soc. des Mon. hist.*). Strasbourg 1870, gr. in-8°, 48 p., br. **Av. carte et tableau généalog.** (Tiré à petit nombre).

595 — La seigneurie de Hohengeroldseck et ses possesseurs successifs. Etude hist. et généalog. Strasbourg 1869, gr. in-8°, 39 p., br.

596 **Mander, Carel van.** Le Livre des Peintres. Vie des Peintres flamands, hollandais et allemands (1604). Traduction, Notes et Commentaires par *Henri Hymans*. Paris 1884—85. **2** vol. in-4°, demi-rel. amateur noire, coins, têtes dorées. **Av. portraits.** Edition s. Hollande tirée à 25 expl. (Nr. 11).

597 **Meiners, C.** Beschreibung einer Reise nach Stuttgart u. Strasburg im Herbste 1801. Nebst einer kurzen Geschichte der Stadt Strasburg während der Schreckenszeit. Göttingen 1803, in-18, 534 p., br.

598 **Meininger, Ernest.** Essai de description, de statistique et d'histoire de Mulhouse. Mulhouse 1885, in-4°, VI—174 p., pap. de Holl., br. **Av. 15 fig. et 14 cartes et planches.** (Couverture déchirée).

599 **Meyer's. Universum,** oder Abbildung und Beschreibung des Sehenswerthesten und Merkwürdigsten der Natur und Kunst auf der ganzen Erde. 4. Aufl. **Avec nombreuses gravures (471 planches).** Hildburghausen 1833-43. 10 vol. gr. in-8° oblong., demi-rel. veau.

600 **Mollière, Antoine.** Métaphysique de l'Art. Nouvelle édition Lyon 1868, in-8°, demi-rel. chagrin, tête dorée. (Sur papier vergé).

601 (**Mossmann, X.**) Anton Schott. Leben eines Colmarer aus dem XVII. Jahrhundert. Colmar 1878, in-8°, 29 p., br.

602 **Nattier.** La Gallerie du Palais du Luxembourg **peinte par Rubens.** Dessinée par les Srs. Nattier, et gravée par les plus illustres graveurs du Temps. Dédiée au Roy. 18 planches (sur 25). Paris 1710. 1 vol. gr. in-fol., demi-rel. chagr. (Superbe ouvrage, très rare).

603 **Ompteda, Ludwig Freiherr von.** Bilder aus dem Leben in England. **Avec 1 vue.** Breslau 1881, in-8°, demi-rel. chagr.

604 **Platner, Ernst,** und **Urlichs, Ludwig.** Beschreibung Roms. Ein Auszug aus der Beschreibung der Stadt Rom. Mit einem lithograph. Plane der Stadt. Stuttgart 1845, in-8°, demi-rel. parch. (Avec taches de rouille).

605 **Pu Qua (in Canton).** Gebräuche u. Kleidungen der Chinesen, dargestellt in bunten Gemälden **60 Kupfer mit Erklärungen** herausgegeben von *Prof. Joh. Gottfr. Grohmann.* Leipzig s. d., in-4°, demi-rel. veau défraîchie. (Textes français et allemand).

606 **Reiber, Emile.** Les Propos de Table de la Vieille Alsace. **Illustrés tout au long de Dessins originaux des anciens Maîtres alsaciens.** Paris 1886, in-4°, XVI—232 p., sur pap. des Vosges à la forme, br., couv. orig. ill. (Bel exempl.)

607 **Revue d'Alsace.** Numéros isolés: 1850^{1-4}, 1851^{1}, 1852 cplt., 1853 cplt., 1870^{1-7}, 1872^{1}, 1886^{2}.

608 **Richter-Album.** Eine Auswahl von Holzschnitten nach Zeichnungen von *Ludwig Richter* in Dresden. 5. Ausg. in 2 Bdn. Leipz. 1870. Orig.-Ganzleinenband, unbeschnitten.

609 **Rösslin, Heleseum.** (Physicus der Reichsstatt **Hagenaw**). Des Elsass vnd gegen Lotringen grentzenden Wassgawischen Gebirgs Gelegenheit/ vnd Commodite en inn Victualien vnd Mineralien: vnnd dann der Mineralischen Wassern/ sonderlich dessen zu **Niderbronn** Hanawischen Lichtenbergischen gebiets/ generation vnd wirckung . . . Strassb. 1593, in-18, demi-rel. bas. rouge mod. (Très rare).

610 **Rossmann, Wilhelm.** Vom Gestade der Cyklopen u. Sirenen. Reisebriefe. 2 Aufl. Leipzig 1880, in-8°, pleine toile origin., tranches rouges.

611 **Sancet, L.** Stalles du Chœur de la Cathédrale d'Auch. **Dessins par l'auteur.** Paris 1862. In-fol., demi-rel. chagrin (défraîchie).

612 **Schadaeus, Os.** Summum Argentoratensium templum : Das ist: Ausführl. u. eigendtl. Beschreibung dess viel Künstlichen . . . . . . Münsters zu Strassb., etc. Strassb. (1617), pet. in-4°, cart. **Copie manuscrite ancienne**, av. grav. dess. dans le texte, 5 pl. orig. hors texte, puis le frontispice de « Israelis Mürselij's Münster-Beschreibung » et la **Vue de Strasbourg, par Daniel Specklin**, ajoutés.

613 **Scheffmacher (le Père).** Lettres d'un Docteur allemand de l'Université catholique de Strasbourg à un Gentil-homme protestant, sur les six obstacles au salut, qui se rencontrent dans la religion luthérienne Troisième édition. Strasbourg 1748, in-4°, cart.

614 **Schir, N.** Le Guide du Pélerin au mont Sainte-Odile. Nouv. édit., revue et augm. Colmar 1864, in-18, 157 p., cart. orig. **Av. 4 vues lith. et un plan.**

615 **Schlagintweit-Sakünlünski, Hermann von.** Reisen in Indien und Hochasien. Ein Darstellung . . . basirt auf die Resultate der wissenschaftl. Mission von Hermann, Adolph und Robert von Schlagintweit, in den Jahren 1854-1858. Mit Ansichten, Karten etc. Jena 1869-80 4 Bde. in-8°, demi-rel. chagrin, tranches jaspées.

616 **Solms (Der Grafschaft)** und Herrschaften Münzenberg, Wildenfels und Sonnenwald, Gerichts- und Land-Ordnung, wie sie anno 1571 publiciret worden, jetzo abermals von neuem übersehen . . . 6. Aufl. Wetzlar 1773. In-18, cart.

617 **Specklin, Daniel** Les Collectanées. Chronique strasb. du 16e Siècle. Fragments recueillis par *Rod. Reuss.* (Fragments des anciennes Chroniques d'Alsace, T. II). Strasb. 1890, gr. in-8°, br.

618 **Sterne.** Voyage sentimental en France, par M. Sterne, sous le nom d'Yorick. Trad. de l'Anglois par **Frénais.** Londres 1789. 2 vol. in-24, pl. rel. veau, filets d'or sur les plats, dos ornés, tr. dorées. **Av. 2 frontispices par C. Duponchet.**

619 **Stieler, Karl, Eduard Paulus, Woldemar Kaden.** Italien. Eine Wanderung von den Alpen bis zum Aetna. **Mit vielen Bildern.** Stuttg. 1876, gr. in-4°, demi-rel. chagrin, tranches rouges.

620 **Strasbourg,** ses monuments et ses curiosités, ou Description de sa Cathédrale et de ses autres édifices publics, musées . . . Strasbourg 1831, in-24, XXVI—234 p., cart. **Avec 5 planches lithogr.**

621 **Thévenin, Evariste.** En Vacance. Alsace et Vosges. Paris 1865, in-12, 188 p., demi-rel. perc. **Avec gravures sur bois.**

622 **Trimmer, MM.** Introduction familière à la Connaissance de la Nature. Traduction libre de l'anglais par *Berquin.* **Avec gravures.** Paris 1795. 2 vol in-32, demi-rel. ancienne.

623 **Union alsacienne** (l'). Recueil relig., scientif., histor., littér. et bibliogr Année 1858. Strasb. 1858. 1 vol. in-8°, demi-rel. chagr. (La suite a paru sous le titre de « Revue catholique de l'Alsace »).

624 **Van de Velde, C. W. M.** Reise durch Syrien und Palästina in den Jahren 1851 und 1852. **Mit Karten und Bildern.** 2 Bde. Aus dem niederdeutschen übersetzt. Leipzig 1855, in-8°, demi-rel. veau.

625 **Wachler, Ludwig.** Die Pariser Bluthochzeit. Leipzig 1826, in-8°, br.

626 **Weis, J. M.** Représentation des fêtes données par la Ville de Strasbourg pour la convalescence du Roi ; à l'arrivée et pendant le séjour de Sa Majesté en cette ville. Inventé, dessiné et dirigé par J. M. Weis. Graveur de la Ville de Strasbourg. Paris 1744, gr. in-fol, **20 p. de texte gravé, av. encadr., et 12 grandes planches, y compris le portr. de Louis XV, à cheval.** Relié par Padeloup, aux armes des Bourbons, sans autres fers spéciaux. (Exempl. un peu fatigué).

627 **Woog, Fr. Ign.** Elsässische Schaubühne, oder historische Beschreibung der Landgrafschaft Elsass etc. Strasburg 1784, in-18, 452 p., br.

Librairie F. Staat, 27, rue des Serruriers, Strasbourg.

Vient de paraître :

GASTON KERN

Histoire de l'Éclairage à Strasbourg

depuis son origine jusqu'à nos jours.

Publiée à l'occasion du Cinquantenaire de la Compagnie l'Union des Gaz à Strasbourg.

Ce volume de 325 pages, édité avec beaucoup de luxe, in-quarto, par l'Imprimerie Alsacienne, anciennement G. Fischbach, contient *250 portraits et gravures* en grande partie inédites et *du plus grand intérêt pour l'histoire de Strasbourg*. Le travail se compose de deux parties.

La première partie reproduit une série de documents fort intéressants pour l'histoire locale, tout en se rapportant plus spécialement à la question de l'éclairage de la ville.

La seconde partie est formée par les commentaires des susdits documents et se compose des chapitres suivants :

1° La lutte pour l'éclairage public à Strasbourg. (1683—1779).

2° L'éclairage public à l'huile. (1780—1840).

Les autres chapitres sont consacrés à l'éclairage public au gaz, qui fut introduit en 1840, et dont l'histoire jusqu'à nos jours nous est présentée d'une façon très détaillée et très intéressante.

La Compagnie l'Union des Gaz qui est spécialement fêtée dans ce volume, a pris possession de l'Usine à Gaz en 1858, de sorte qu'elle a pu fêter, le 1er janvier 1909, 50 ans d'existence à Strasbourg.

Cette dernière partie, qui donne la description de l'Usine actuelle, intéressera surtout le monde des ingénieurs gaziers, tandis que la première partie s'adresse spécialement aux amateurs de l'histoire locale de Strasbourg.

Nous trouvons là, entre autres, *les portraits de toute une série de Stettmeister* qui jusqu'à présent étaient absolument inconnus, puis *toute la série des portraits des maires de Strasbourg* depuis la Révolution jusqu'à nos jours.

L'auteur a eu une série de lettres de félicitations dont nous extrayons quelques passages :

« Votre « Histoire de l'éclairage à Strasbourg » est un splendide monument « érigé à la gloire de notre ville. Le texte, les images, tout s'enchaîne à merveille, « et je suis très heureux de vous présenter toutes mes félicitations.

« Votre œuvre est féconde en enseignements d'un ordre général; il s'en « dégage une haute philosophie, et je l'ai lue avec le plus vif intérêt ».

« Je vous remercie beaucoup d'avoir enrichi ma collection d'alsatiques d'un « si précieux numéro. J'ai étudié et étudierai souvent votre œuvre avec beaucoup « de plaisir. J'en apprécie non seulement l'admirable travail théorique, véritable « chronique alsacienne, mais surtout aussi le parfait goût artistique de ce « splendide volume ».

« La beauté de la typographie, la variété de l'illustration et la documentation « solide du texte, tout se réunit pour en faire une œuvre des plus remarquables. « C'est une contribution très importante à la future histoire de la Ville de « Strasbourg, dont nous attendons encore la venue. Vous avez projeté, on peut « le dire, une vive lumière sur le passé de notre ville et vous avez su rendre « attrayante une matière parfois très spéciale, en l'émaillant de renseignements « généraux et de charmantes vignettes ».

PRIX : 20 MARK.

Le plus important ouvrage alsatique paru en 1909.

En vente :

Dictionnaire de Biographie des Hommes célèbres d'Alsace

par

FR. ÉDOUARD SITZMANN

Tome Ir : 10 francs

L'ouvrage sera complet en 2 volumes gr. in-8° de 800 à 900 pages environ chacun, contenant en tout *près de 3000 notices biographiques.*

Prix de Souscription : 20 francs les 2 volumes

L'ouvrage une fois complet, son prix sera porté à 30 francs.

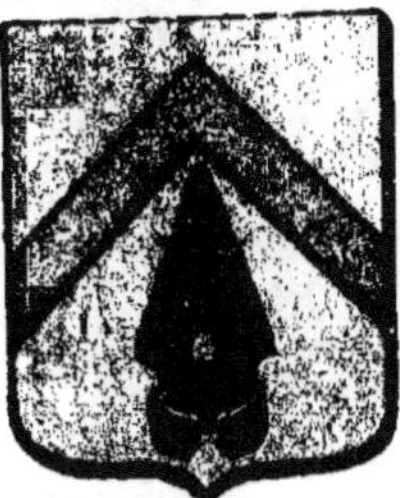
Truchtersheim

Avenheim

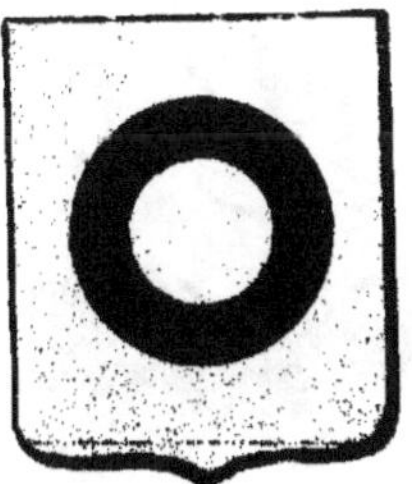
Beblenheim

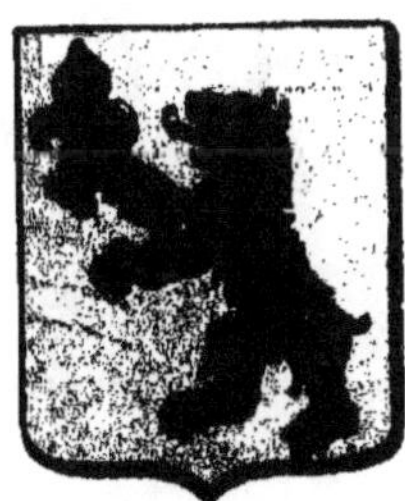
Berstett

Dingsheim

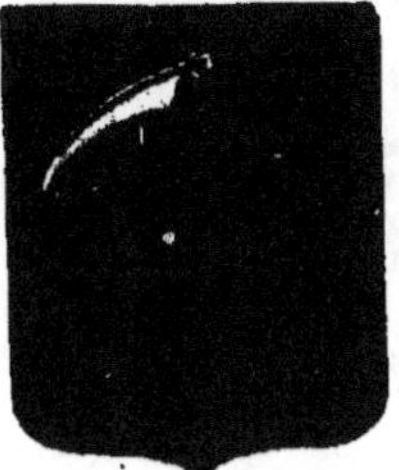
Dossenheim

Fessenheim

BASSE-ALSACE – CANTON DE TRUCHTERSHEIM

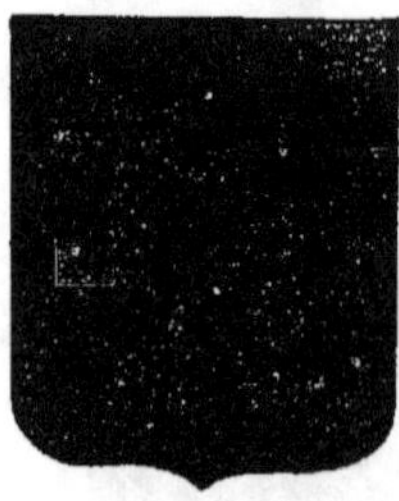

Colmar

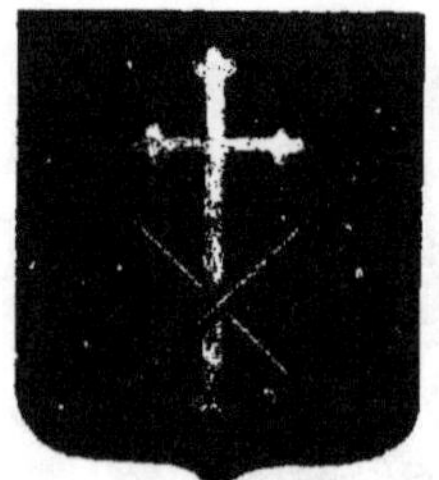

Sainte-Croix-en-Plaine

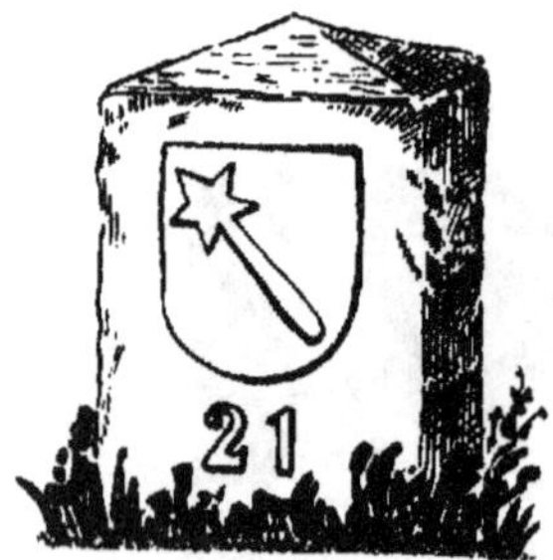

Colmar

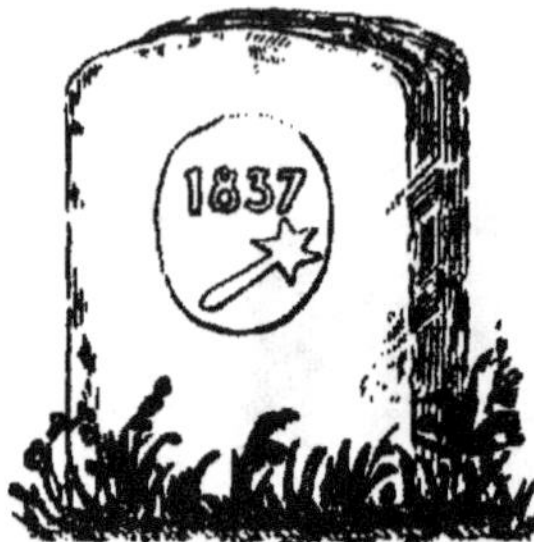

Colmar

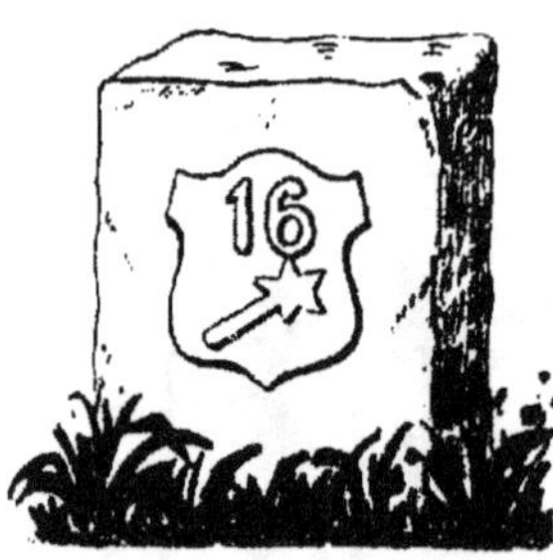

Colmar

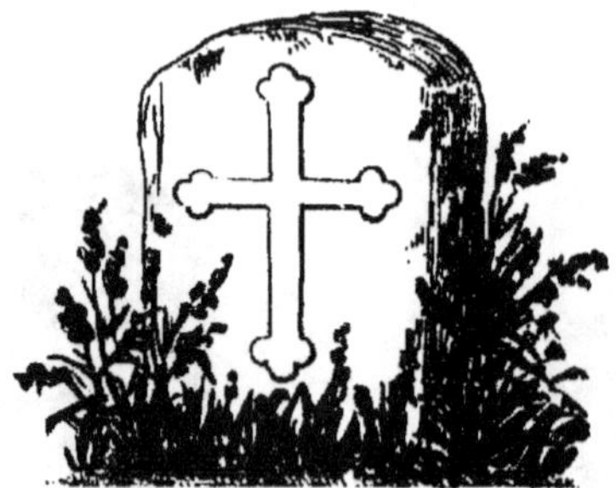

Sainte-Croix-en-Plaine

HAUTE-ALSACE — CANTON DE COLMAR

L'ARMORIAL

DES

COMMUNES D'ALSACE

COMPREND

180 PLANCHES ou 1160 DESSINS

reproduits en chromolithographie, d'après les types absolument authentiques.

AUX ARMOIRIES

des différentes communes est ajouté une quantité de planches de

PIERRES-BORNES

représentées dans leur état primitif, portant taillé soit armoirie, emblème, ou autre signe communal distinctif. Une

NOTICE GÉNÉRALE SUR CHAQUE COMMUNE

fournie par le bureau de statistique officielle, complète cette publication qui certes, au prix réduit actuel, trouvera partout un sympathique accueil et sa place marquée dans toute Bibliothèque alsatique.

Composition de l'Ouvrage.

BASSE-ALSACE.

Titre général en couleurs.
7 Titres d'arrondissements.
Les Armoiries de la Basse-Alsace.
Les Armoiries de Strasbourg.
50 Planches d'Armoiries des Communes.
50 Planches de Pierres-Bornes.
Une Notice générale sur chaque Commune.

HAUTE-ALSACE.

Titre général en couleurs.
6 Titres d'arrondissements.
Les Armoiries de la Haute-Alsace.
37 Planches d'Armoiries des Communes.
33 Planches de Pierres-Bornes.
Une Notice générale sur chaque Commune.

Bulletin de commission. — Auftrags-Zettel.

Veuillez acheter pour mon compte à la Vente Henry Wagatha au mieux et jusqu'à concurrence des prix indiqués (les frais et droits de commission non compris), les articles mentionnés ci-dessous.

Sie wollen für mich und meine Rechnung unter den vorgedruckten Auktionsbedingungen auf der Versteigerung der Bibliothek Henry Wagatha, möglichst billig, folgende Nummern erwerben; meine Preisgebote gelten als Höchstgebote (ohne Auktions- und Provisionskosten).

Name: (bitte deutlich) Nom: (bien lisible) Adresse:

Numéros du catalogue Katalog-nummern	Titres (les premiers mots seulement)	Titel (nur die ersten Worte)	Limite Höchstgebot

Avis essentiel: *Pour le cas où vous me remettez vos ordres sans fixer de limites, veuillez, pour ma gouverne, vous servir des marques suivantes:*

† ouvrages auxquels vous n'attachez qu'un intérêt secondaire.

†† ceux auxquels vous vous intéressez davantage, sans toutefois dépasser les prix courants.

††† ceux que vous tenez à obtenir à tout prix.

Numéros du catalogue Katalog-nummern	Titres (les premiers mots seulement)	Titel (nur die ersten Worte)	Limite Höchstgebot

Numéros du catalogue Katalog-nummern	Titres (les premiers mots seulement)	Titel (nur die ersten Worte)	Limite Höchstgebot

Bulletin de commande.

Prière à M. **F. Staat** de m'envoyer par la voie la plus économique, ou bien d'ajouter à mes achats à faire à la Vente Henry Wagatha, les ouvrages suivants:

Von den im Katalog Henry Wagatha angezeigten Novitäten und Preisermässigungen erbitte sofort auf billigstem Wege, eventl. mit meinen vorstehenden Aufträgen zur besagten Auktion:

Nombre Anzahl	Titres — Titel	fr. ct.	M. Pf.
	Nouveautés — Novitäten		
	Annuaire d'Alsace-Lorraine. — Landesadressbuch von Elsass-Lothringen 1910	18.75	15.—
	Kern, G., Histoire de l'Eclairage à Strasbourg . .	25.—	20.—
	Leblois, L., Coup d'Oeil sur l'Histoire de l'Affaire Dreyfus	0.50	0.40
	Sitzmann, Dictionnaire de Biographie des Hommes célèbres d'Alsace, T. I (Souscription)	10.—	8.—
	Ouvrages d'Occasion. (Antiquarische Werke, jedoch in tadellos neuen Exempl.)		
	Schœnhaupt, L., Armorial des Communes d'Alsace	20.—	16.—
	— **Wappenbuch der Gemeinden des Elsass**	15.—	12.—
	Brucker, L'Alsace et l'Eglise, 2 vol.	4.50	3.60
	— Le Château d'Egisheim	0.40	0.30
	Dayot, Les Peintres militaires, cart.	5.—	4.—
	Gatrio, Das Breuschtal	2.50	2.—
	— Die Abtei Murbach, 2 Bde.	6.25	5.—
	Gény, Die Jahrbücher der Jesuiten zu Schlettstadt und Rufach, 2 Bde.	3.50	2.80
	Hanauer, Cartulaire de l'Eglise S. George de Haguenau	2.50	2.—
	Hans, Urkundenbuch der Pfarrei Bergheim	2.—	1.60
	Das **Reichsland Elsass-Lothringen,** 3 Bde.	15.—	12.—
	Titeux, Saint-Cyr, br.	16.—	12.80
	— dto. rel.	24.—	19.20

Lieu et Date
Ort und Datum

Nom (bien lisible)
Name (recht deutlich)

www.ingramcontent.com/pod-product-compliance
Lightning Source LLC
LaVergne TN
LVHW020626110826
845149LV00004B/1059